우리꽃을 찾아 떠나는 섬 여행기

디자인소리

우리꽃을 찾아 떠나는 섬 여행기

2014년 11월 25일 인쇄
2014년 11월 28일 발행

지은이 | 김광섭
발행인 | 김수경
발행처 | 디자인소리
서울특별시 종로구 성균관로90
TEL. 02.766.7629
FAX. 070.4896.2006
www.dsori.com

ISBN 978-89-97613-06-9 03980

이 책은 한국출판문화산업진흥원의 출판지원사업의 지원을 받아 발행되었습니다.

이 책은 디자인소리가 기획 · 편집하였습니다.
이 책은 Adobe CC 라이선스로 제작되었습니다.
이 책의 글꼴은 산돌 라이선스로 제작되었습니다.

가격 13,800원

우리 꽃을 찾아 떠나는 섬 여행기

김광섭

머리말

자연은 우리의 삶을 아름답고 행복하게 이끌어준다. 어느 곳을 가도 생명력이 넘치는 자연의 생태는 우리의 삶을 생동감 있고 활기차게 해주는 그 무엇이 있다.

그런 자연의 세계에 더 가까이 가 보자. 자연의 세계에서 중심적인 역할을 하는 것이 곧 식물임을 발견하게 된다. 식물은 지구에게 생명을 불어 넣으며, 아름답게 꾸미기도 하고 환경오염으로부터 흩어진 자연계를 회복시키기도 한다.

섬은 생태의 낙원이다. 내륙과는 생태계적 환경이 다른 섬은 한반도의 또 다른 생명의 보고이다. 섬은 많은 생명을 간직하고 낳고 기르며 생명의 건강을 유지한다.

삼면이 바다인 우리나라의 섬은 신비롭고 경이로우며 태고의 신비를 간직한 진귀한 자연 유산이다. 자연의 또 다른 진면목을 만날 수 있는 섬을 식물과 함께 여행하고자 한다.

삼면이 바다라고 하더라도 모두 똑같지가 않다. 동서와 남해는 지형과 지리가 달라 그곳에서 자생하는 식물의 종과 생태가 많이 다르다. 각 지역에 따라 부속 섬들은 고유의 식물 생태를 갖고 고유종으로서 보존하며 종으로 발전하고 있다. 내륙에서 볼 수 없는 새롭고 이질적인 생태를 통해 우리는 자연을 또 다른 관점에서 이해하고 만날 수 있다.

필자는 10여 년 전부터 경기도 생활권을 중심으로 강원도와 휴전선, 그리고 한반도 북방식물에 대해 관심을 가지고 연구해 왔다. 생태 탐사를 위해 중부지역의 많은 산을 수없이 오르고 내리면서 내륙의 식물 생태를 이해하였고, 더 나아가 한반도 북방식물을 이해하기 위해 백두산을 7차례 오르기까지 하였다. 산과 들, 강과 호수에 이르는 다양한 식생은 지적 호기심을 갖게 하였고, 이젠 한반도 전역에 걸쳐 해변과 섬에 이르는 방대한 영역에까지 넓혀가게 되었다.

필자를 이끌었던 한 번의 섬으로의 발길이 동과 서, 그리고 남에 이르기까지 많은 섬들을 찾아 나선 계기가 되었다. 다양한 섬의 만남은 우리꽃을 더욱 더 이해할 수 있게 하였으며, 한반도 식물을 총체적으로 알게 하는데 좋은 공부가 되었다.

그 동안 각처의 섬과 해안을 탐사하면서 기록하며 촬영했던 글과 사진을 모아 금번 책을 출간하게 되었다. 이는 섬의 식물계를 안내하는 것뿐만 아니라 필자의 의견을 통해 독자의 이해를 돕고, 나아가 우리 고유의 자연유산을 참되게 인식하고 오랫동안 보존 발전시키는데 조금이나마 보탬이 되기를 고대하고 있다.

끝으로 본 책이 출간하도록 격려와 협조를 해주신 디자인소리 관계자 여러분께 감사드리며, 제주도 생태탐사에 안내 및 도움을 주신 고석형 박사님과 한라산연구소 관계자 분께도 진심으로 감사드린다.

2014. 10.

저자 씀

우리 꽃을 찾아 떠나는 섬 여행기

차례

첫번째 이야기

풍도편_변산 바람꽃을 찾아서

두번째 이야기

생명의 보고, 완도

세번째 이야기

늑도편_한려해상 국립공원을 찾아서

네번째 이야기

생명과 아름다움이 있는 울릉도

다섯번째 이야기

영흥도편_서해섬의 신비

여섯번째 이야기

진도_다도해 해상국립공원을 찾아서

일곱번째 이야기

제주도_세계자연유산과 함께 하는 식물생태계

우리꽃을 찾아 떠나는 섬 여행기

첫번째 이야기: 풍도편

변산 바람꽃을 찾아서

인천 항구

풍도로 가는 길

변산바람꽃에 대한 의미는 남달랐다. 지난해 풍도에 가려했을 때, 맑은 날씨에도 불구하고 거친 바람 때문에 배를 운항할 수 없어서 인천 연안부두에서 대부도로 발길을 옮겨 그곳에서 하루를 보낸 일이 있었다.

올해도 뱃길이 열리지 않을까 조마조마하면서 3월 13~14일, 1박 2일로 탐사 일정을 잡았다. 지난해와 마찬가지로 올해 탐사 역시 긴장되기는 마찬가지다. 우리 일행은 야생화 회장님 댁에서 아침 일찍 만났다. 새벽 6시, 승용차에 올라 서울을 거쳐 인천 연안부두로 향했다. 새벽 아침이 맑고 깨끗해 오늘 날씨가 무척이나 좋을 거라 생각하며 연달아 웃음꽃을 피웠다.

인천 연안부두는 양평서 그리 가깝지 않았지만 차가 막히지 않아 예정보다 빨리 도착했다. 도착하자마자 부두에서 인천지역 야생화 전문가인 이선생을 만났다. 날씨에 관한 이야기로 시작해서 탐사 진행 계획을 잡고 간단한 해장국으로 아침 식사를 했다.

대합실에는 많은 사람들이 배를 기다리고 있었다. 궂은 날씨로 며칠 동안 배가 운행되지 않았기 때문이다. 설레는 마음으로 우리는 풍도 배에 올랐다.

배 안에는 젊은 사람들보다는 나이 많은 사람들로 북적였는데 손에 카

인천 연안부두 대합실

육도, 풍도로 가는 여객선

메라를 하나씩 들고 있어, 풍도의 유명한 변산바람꽃을 찍으러 가는 것이 아닌가 하는 생각이 들었다.

우리 일행은 한자리에 모여 음료를 마시며 이런저런 이야기로 말을 이어갔다. 그런데 이선생이 보이지 않았다. 위층 뱃머리로 나가 보니 이선생은 회장님과 풍도의 기후, 생태, 자연적 식생 등에 관해 이야기를 나누고 있었다. 멀리 해안 사구砂丘가 보였다. 사구가 만들어지는 과정에 대해 이선생이 설명을 해 주었다. 믿기지가 않았다. 바다 한 가운데 모래 언덕이 있고, 그곳에 많은 조개들이 서식하고 있다는 사실이 낯설고 새롭게 느껴졌다. 영흥도 사람들이 이곳 사구에서 하얀 조개를 잡아 생계를 유지했었다는 이야기도 들었다. 맛도 좋고 깨끗한 청정지역이라 인기도 높았다고 한다. 최근에는 생태 보존과 해안 오염 때문에 국가가 직접 관리한다.

예전에 이선생이 오이도에서 찍은 겹노루귀 사진을 필자의 책인 <가고 싶은 산 만나고 싶은 야생화> 앞부분에 실은 적이 있다. 노루의 귀처럼 생

영흥도 다리

오이도 전경

긴 노루귀 잎은 털이 복스럽고, 꽃도 앙증맞아 예쁘다.

이야기 중에 오이도가 멀리 보이기 시작한다. 우리는 영흥도 다리를 건넜다.

멀리 영흥도 다리 사이로 화력 발전소가 보인다. 우리가 탄 배 사이로 어선漁船이 하나 지나간다. 갈매기 떼가 먹이를 따라 배를 좇고 있다.

우리가 탄 배에서 먹이를 던져주기 시작하자 갈매기들이 우리 쪽 배로 하나둘씩 모여들더니 이내 장관을 이루었다.

바다 가운데 해안 사구

육도

육도의 항구

풍도에 도착한 탐방 일행

풍도의 민박집 촌

2시간이 지나서야 풍도와 이웃하고 있는 육도 섬에 도착했다. 배는 이곳에서 잠시 쉬었다. 육도에도 많은 사람들이 살고 있기에 이곳에서 약 10분 정도 정박했다.

배는 곧 풍도로 향했다. 풍도는 이곳에서 그다지 멀지 않은 곳에 있다. 바람이 거세게 불었다. 파도는 높이 날았고, 많은 물방울이 배 위로 날아올랐다. 젖은 물이 마르면서 옷에는 하얀 소금이 내려앉았다.

풍도에 도착하였다. 낯선 글귀가 눈에 띈다. 현수막에 "달콤한 야생화동산 풍도에 오신 것을 환영합니다."라는 말이었다.

얼마나 많은 사람들이 오고가기에 저런 현수막이 걸렸을까? 내심 걱정이 되었다. 많은 사람들이 오고가면 식물 생태가 파괴될 것이고, 식물 훼손이 불 보듯 뻔하기 때문이다.

사람들은 삼삼오오 숙소로 향했다. 우리 일행도 민박집부터 찾아 짐을 풀기로 했다.

풍도는 작고 자연적인 섬이다. 60여 호가 옹기종기 모여 어업으로 생계를 이어가는 어촌이다. 여름철이면 많은 휴양객들이 이곳을 찾는다. 해수욕장과 해산물을 먹기 위해 찾는 관광지도 있다. 민박집 옆 조그만 초등학교가 보인다. 학생이 단 2명, 금년 1학년 학생이 신입생으로 입학하여 경사가 났다. 방송국에서 촬영을 하여 텔레비전에까지 나왔다고 한다. 파출소와 군대 막사도 보인다. 예부터 이 섬은 군사적으로 중요한 곳으로 역사에 기록되어 있다. 일본군이 한국을 침략하기 위해 청나라와 전쟁1894년 7월 25일을 해 승리한 곳으로 대륙 침략이 시작되었던 첫 지역이란 점에서 오명汚名이 있던 역사지이기도 하다.

꽃을 만나러 동산에 오르다

짐을 풀고 우리는 산으로 갔다. 산비탈에 고추와 배추를 심었다.

마을로부터 오르기 시작한 동산은 매우 가팔랐다. 밤나무 밑에서 붉게 피어 있는 무언가가 눈에 들어온다. 붉은 민대극이다. 대극이 겨우내 얼었던 땅을 헤치고 우뚝 솟아 있다. 나는 주저앉아 셔터를 연속하여 눌렀다. 일행 모두 신기한 듯 대극을 찾았다.

저만치 노란 복수초福壽草, 이영노는 복수초의 변종으로 분류하여 개복수초(Adonis amuensis Regel et Radde var. pseudoamurensis (Wang) Y. Lee)라 하였다가 피어 있다. 사진을 찍기 위해 털썩 주저앉았다. 순간 난 외마디 비명을 지르며 벌떡 일어났다. 가시가 돋친 밤송이에 앉았던 것이다. 엉덩이와 정강이가 깊게 찔렸다. 아픔을 뒤로 하고 우리 일행은 다시 복수초를 찾았다. 아주 커다란 은행나무 밑에 옹달샘이 있고, 그 주변에는 복수초가 가득했다. 일행은 사진을 찍거나 샘물을 마셨다. 많은 복수초를 한 곳에서 본 적이 없었기에 신기하고 놀라웠다.

첫 만남의 복수초, 아침 햇살에 맑고 깨끗하다. 수술이 막 터져 나오고 꽃잎도 곱게 피어 황금으로 만든 금잔과 매우 흡사하다. 변산바람꽃도 보인다. 하얗게 무리를 지어 반짝이고 있다.

붉게 솟아 있는 민대극

은행나무 밑 복수초

변산바람꽃과 변산바람꽃 군락, 하얀색으로 곱게 피었다.

꽃들은 모두 제철을 맞은 양 자태를 뽐내고 있다. 나뭇잎 사이로 고개를 내민 꽃봉오리는 따스한 봄날의 햇살을 받아 모두 하늘을 향해 있다. 오늘은 운이 좋았다. 그렇게 만나고 싶었던 주인공을 만났기 때문이다. 한동안 감상에 젖었다. 하지만 사람이 다니는 길에 꽃들이 하나둘씩 사라지고, 겨우 나무 밑이나 후미진 곳에서만 꽃들을 볼 수 있어서 안타까웠다. 아름다운 광경을 오래볼 수 없을 것 같은 생각에 우울했다. 잠시 아쉬움을 뒤로한 채 밭 가장자리로 걸어갔다. 눈앞에 동그란 무엇이 나타났다. 그것은 다름 아닌 하늘타리이다. 오늘은 정말 운이 좋았다.

우리는 변산바람꽃의 생태적 특성을 이해하기 위하여 한 촉의 뿌리를 캐 보았다. 동그란 알뿌리에 몇 개의 줄기가 나와 끝에 꽃을 피우고 있다.

큰 나무 밑에서 꽃을 피운 변산바람꽃

동그란 모양의 변산바람꽃 알뿌리

하늘타리는 새들의 먹이이다.
몇 안 되는 하늘타리가 나뭇가지에 매달려 있다.

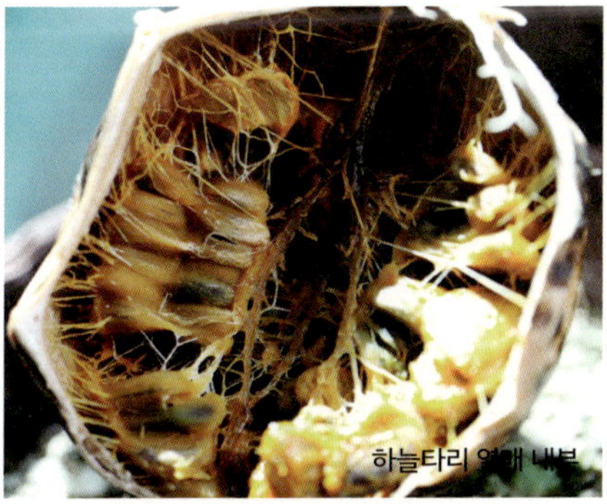

하늘타리 열매 내부

하늘타리 씨앗

복수초 기본종

새로운 모양을 한 변종

뿌리는 도토리처럼 아주 충실해 보였다. 한 뿌리에서 하나의 줄기가 나올 것으로 생각했지만 서너 개의 줄기가 나와 몇 개의 꽃을 피우고 있는 것을 확인하였다. 이선생의 재배 실험에 따르면 알뿌리가 당년에 없어지는 것이 아니라 몇 년째 지속적으로 굵어지면서 커지고, 또 다음 해에 새싹도 7~8개까지 나와 그 꽃이 장관을 이룬다고 한다.

곳곳에 많은 사람들이 모여 있다. 하나의 꽃을 주제로 서로 앞 다투며 사진 촬영을 하였다. 나무 가까이 있는 변산바람꽃은 예쁘게 솟아나 사람들의 꽃이 되었다. 그러나 안타깝게도 발길이 닿는 곳은 밟히고 또 뜯겨져 온전한 것이 많지 않았다.

우리 일행은 새로운 꽃을 만나기 위해 산 능선을 넘고 또 넘었다. 찔레나무, 산딸기 덩굴로 인하여 앞으로 나가는데 어려움이 있었다. 가시밭길을 지나 남서쪽에 다다르자 변산바람꽃이 피어 있었다. 그곳에서 꽃 모양이 특이한 노란 복수초를 만났다. 일반 꽃에 비하여 꽃이 가늘고 길게 뻗어 하늘로 향하고 있는 것이 독특했다.

산 고개를 더 넘어 다른 곳으로 장소를 옮겼다. 해안가 가까이 가서 예쁜 노루귀를 만나기로 했다. 한참을 지나자 노루귀 꽃이 보였다. 땅에서 가녀린 털을 뒤집어 쓴 꽃, 바위틈에서 얼굴을 봉긋 내밀고 있는 꽃이 보인다. 원래 노루귀 흰 꽃이 원종原種이나 이곳 바닷가에서는 붉은색을 띤 노루귀가 많다. 정확히는 알 수 없으나 해안가 바다 소금이 어떤 영향을 주어 붉은색을 띠게 하는 것이 아닌가 하는 생각이 든다. 육지 내륙 깊숙이에는 붉은색은 없고 오히려 보라색과 흰색 노루귀가 많다. 이곳에서 아주 붉고 깨끗한 노루귀꽃 여러 개체를 만났다.

붉은색 노루귀가 막 꽃잎을 열고 있다.

낙엽을 뚫고 나온 연분홍 노루귀

여러 개의 꽃이 막 피어난 복수초

복수초 군락지

한참을 이리저리 찾아 헤매다 큰 무리의 복수초 군락을 만났다. 어찌나 예쁘고 아름다운지 오랜 시간 앉아 사진을 촬영했다. 지금까지 본 복수초의 무리 중 가장 탐스럽고, 꽃술과 꽃잎 모두 싱싱하다. 황금으로 만든 얇은 금잔金盞 같다. 나는 몇 번이고 계속해서 촬영을 했다.

꿩의바람꽃

꿩의바람꽃 알뿌리

복수초가 나무 밑에 소복이 나와 밝은 햇살을 받고 있다. 복수초는 날씨가 흐리거나 온도가 내려가면 꽃잎을 금방 오므린다. 또 저녁이 되면 활짝 핀 꽃도 오므라든다. 바위틈에서 막 피어나는 꿩의바람꽃을 찾았다. 꽃잎이 채 벌어지지 않아 수줍은 듯 붉은 빛이 돈다.

위 좌측부터 붉은 민대극의 순, 뿌리, 꽃

붉은 대극을 보면서 뿌리의 생김새가 궁금했다. 식물의 뿌리가 보통 실뿌리와 같은 형태를 취하는데 이 대극은 무 뿌리처럼 굵고 비대肥大했다. 그리고 상처가 난 뿌리에서 노란 액체가 흘러 나왔다. 붉은대극은 붉게 나와서 부르는 말인데 푸른색도 있으므로 적절하지 않다고 생각한다. 처음에 풍도에서 발견하여 풍도대극이라고도 부르지만 정식 명칭은 민대극이다.

위 좌측부터 푸른 민대극의 순, 뿌리, 꽃

푸른 민대극의 개체수는 그리 많지 않아 쉽게 만날 수가 없다. 때때로 붉은 것과 푸른 것이 교배되어 얼치기로 나온 것도 많다. 민간에서는 이를 약용으로도 쓴다고 한다.

촬영을 마치고 내려오는 길에는 가시덩굴이 많았다. 몸은 많이 지쳤으나 다양한 식물들을 만나 좋은 사진을 찍게 되어 기분이 좋았다.

풍도에서 아침을 맞이하다

하룻밤을 지내고 우리 일행은 아침 일찍 산으로 발길을 옮겼다. 가는 길에 바닷가에서 물결을 보며 고요한 아침을 맞이했다.

산에 오르는 길 옆 싸리나무에 열매가 맺혀 있다. 겨우내 씨앗을 떨어뜨리지 않고 대롱대롱 매달려 있는 것이 이색적이다. 중부 내륙에서도 볼 수 있지만 개체수가 적다. 이는 남부, 제주도에 자생하는 낭아초로 밝혀졌다.

풍도는 해양성 기후로 중부 내륙과는 확연히 다른 생태를 가지고 있다. 복수초, 노루귀 등을 보다가 되돌아오는 길에 나무 위로 올라가는 푸른색을 띤 덩굴나무를 발견했다. 겉보기에 꼭 사철나무처럼 생겼는데 다른 나무에 착생하면서 감고 올라간다. 우리나라 중남부에 자생하는 줄사철나무

낭아초 열매와 씨앗

이다. 덩굴줄기에서 뿌리를 내리고 있기 때문에 큰 나무는 줄사철나무로 인해 죽어가고 있는 듯 보인다. 중부 내륙에서 이와 비슷한 뿌리 형태를 취하고 있는 기생식물인 담쟁이덩굴이 있다.

꽃잎이 보통 5~6개인 변산바람꽃에 비해 8개나 되는 변종인 겹변산바람꽃을 만났다. 이미 이영노 박사가 명명한 겹변산바람꽃은 보기가 아주 어려운데, 운 좋게 만날 수 있었다. 더구나 특이한 것은 꿀샘정식 명칭은 꽃잎에 녹색의 무늬가 없는 오직 노랑 꿀만 넣어져 있는 꽃이기에 더 진귀하고 특별해 보였다. 그리고 꽃잎색도 약간 붉은 빛이 돌아 일반적인 흰색보다 부드럽고 고와 환상적인 분위기를 자아낸다. 자세히 관찰한 결과 꿀샘이 결실하는 과정에서 녹색이 노란색으로 변하는 것이 아니라 녹색은 녹색대로 노랑은 노랑대로 꽃잎의 모양을 하고 있는 것을 확인하였다.

줄사철나무 잎

줄사철나무 줄기와 착생 뿌리

변산바람꽃은 일본에 1종, 우리나라에 3종으로 총 4종이 있다. 일본의 1종은 초록의 꽃받침이 깔데기 모양이 아니라 'Y'자 모양을 하고 있다. 그래서 새로운 종으로 전북대학교 선병윤宣炳崙 교수가 한국에서만 나는 특산종으로 명명했다. 이 꽃은 1993년부터 알려지기 시작해 유명세를 타기 시작했는데, 처음 변산반도에서 발견이 되어 학명이 변산이다. 그 후로 지리산, 한라산, 설악산 최근에는 안양의 수리산修理山에서도 발견이 되어 우리나라 전역에서 자생하는 것으로 알려졌다.

그리고 겹변산바람꽃풍도, 2007. 3. 4과 분홍변산바람꽃백양산, 2003. 3. 9은 이영노박사가 명명하여 더 많은 변종이 탄생했다. Eranthis속 식물 3종에 대한 이영노 박사의 설명을 보자.

한국에는 *Eranthis*속 식물 2종, 변산바람꽃 *E. byunsanensis* B. Sun과 너도바람꽃 *E. stellata* Maximowicz이 나고, 일본에는 1종, 일본바람꽃 *E. pinnatifida* Maximowicz이 있다.

변산바람꽃은 일본바람꽃과 외형적으로 구별이 잘 안 될 만큼 서로 닮았다. 그러나 한국의 변산바람꽃의 화피는 넓은 잔 모양이지만, 일본바람꽃은 선단부가 깊게 팬 좁은 잔 모양이다. 총포편은, 변산바람꽃은 줄꼴이지만 일본바람꽃은 깃꼴과 줄꼴이 동시에 나타나서 바로 구별이 된다. 그리고 변산바람꽃과 일본바람꽃의 씨는 중심부가 들어간 원반꼴이지만 너도바람꽃의 씨는 둥근 구형으로 나타나는 차이가 있다.

꿀샘의 형태에서 잔 모양이 깔때기 모양보다 원시형인 것으로 볼 때, 우리나라의 변산바람꽃이 세 가지 바람꽃 중에서 가장 원시형이라고 생각된다. 씨의 형태에서 둥근 모양이 원반 모양보다 원시형인 것으로 볼 때, 너도바람꽃이 세 바람꽃 무리 중에서 가장 원시종인 것으로 생각할 수 있다. 그리고 근생엽과 총포편이, 일본바람꽃과 너도바람꽃은 깃꼴이지만 변산바람꽃은 거의 단순한 줄꼴인 것으로 보아도 변산바람꽃이 너도바람꽃과 일본바람꽃보다는 원시적인 종으로 추정된다.

겹변산바람꽃

변산바람꽃

1934년 나카이가 이 무리를 하나의 속으로 분류한 것은 다른 바람꽃보다 동그란 알뿌리가 형성되어 있고 꿀샘이 붙어 있어 다르게 분류를 한 것이 아닌가 생각한다. 속을 나누는 것은 학자의 견해에 따라 다르기 때문에 도감 역시 다르게 표기하고 있다. 양평 용문산에 나는 너도바람꽃의 꿀샘과 알뿌리를 비교해 보자.

너도바람꽃(경기도 양평 용문산)

너도바람꽃 알뿌리

일반적으로 두 종의 꽃받침에는 노란 꿀샘이 있는 것이 공통적인데 이는 다른 바람꽃에서는 볼 수 없는 외형적 특징이다. 그리고 뿌리의 모양을 보면 대부분의 바람꽃은 가늘고 짧은 형태의 알뿌리 형태를 취하고 있는 것에 비해, 이 분류군은 알뿌리가 구슬 같은 원형이다. 변산바람꽃의 경우에는 알뿌리가 3개씩 모여 있는 것도 있다. 알뿌리에서 꽃대가 나오는 것도 대부분 1개이지만 변산바람꽃의 경우는 여러 대가 나오기도 한다. 지난 4월에는 용문산에서 아주 희귀한 너도바람꽃 변종을 발견하였다.

꽃대 1줄기에 2송이가 핀 쌍둥이 너도바람꽃
(2014.4.4 경기도 양평 용문산)

꿩의바람꽃,
너도바람꽃의
알뿌리

갈기복수초와 비슷한 복수초

노루귀 꽃

참나리 구근

산의 생태를 마치고 내려오는 길에 갈기복수초를 만날 수 있을까 하여 생태지를 관찰하였으나 볼 수가 없어서 아쉬웠다. 갈기복수초와 비슷한 모양을 하고 있는 복수초를 한 컷 찍었다. 복수초는 꽃잎이 가지런하여 단정하고 예쁜 금잔 모양을 하고 있는 것에 비해 그림의 복수초는 위로 향한 꽃잎이 솟구쳐 있고, 꽃잎도 날개로 벌려 팔랑개비 모양을 하고 있다.

나무 밑에서 자생하고 있는 맥문동

집 근처에 있는 이대

일반적으로 맥문동은 중부 이남에, 개맥문동은 중부지역에서 잘 자라는 생태적 특성을 갖고 있다. 최근에는 수입종인 좀맥문동, 자주맥문동 등이 원예가들에게 호응을 얻고 있다. 이대는 중남부 해안가에 많이 나는데, 일전에 태안반도에 갔을 때 군락을 이루고 있는 이대를 보았다. 이와 비슷한 종이 울릉도에도 있는데 섬조릿대섬대이다.

마을을 사진에 담고 싶었다. 작은 항구는 한 폭의 그림과도 같았다. 아늑하고 평화로웠다. 해안도로는 한적했고 작은 야생화들이 피어 있었다. 길모퉁이를 지나자 큰 바위 위에 무언가 눈에 띄는 것이 있었다. 자세히 보니 참나리 꼬투리였다.

풍도 마을 전경

돌아오는 길에 길가에 돋아나는 작은 새싹들을 보았다. 먼저 사진을 한 장 찍었다. 배추 같기도 하고 또 케일 잎사귀 같기도 했다. 워낙 어려서 이것이 무엇일까 궁금해서 주인아저씨께 물어보니 작년 제주도에 갔다가 가져와 뿌린 유채라 한다. 맹추위에 얼어 죽지 않고 겨우내 잘 자랐다. 해안의 길은 경사지를 따라 길을 만들었다. 한참을 둘러본 뒤 작년 동해안 고성에 갔다가 만났던 섬갯장대 어린순을 만났다. 사진을 찍고 확대해 보니 잎 가장자리에 하얀 솜털이 나 있다.

여행의 멋은 맛과 볼거리라 했다. 풍도의 토속 음식은 전호라는 어린순을 따다가 양념에 살짝 무쳐서 낸 봄나물이다. 맛과 향이 어우러져 독특한 시골 정취를 느끼게 해 준다. 이곳에 살고 있는 할머니들은 산에서 전호나물을 채취해 판다. 생산되는 양이 엄청나서 오는 사람 모두 풍족히 먹을 수 있을 정도이다. 전호는 여름이면 흰 꽃을 피워 아름다움이 극치를 이룬다고 한다. 난 뒷동산에 올라 전호 나물을 좀 더 자세히 관찰하며 사진을 찍었다. 주인 할머니는 "사생이"나물이라 불렀다. 예부터 산형과 식물은 전염성 예방에 특효가 있는 약용식물로 사용되어 왔다.

위좌부터 산형과 전호, 유채 모종, 섬갯장대

봄이라 그런지 풍도에 얼음이나 눈이 보이지 않는다. 하지만 체감 온도는 여간 매섭지가 않다. 추운 겨울을 이겨낸 유채, 섬갯장대, 전호 등의 새순을 보며 봄이구나! 하고 생각한다. 풍도에서 1박 2일 동안의 탐사는 짧은 시간이었지만 추억이 되어 가슴 속에 영상처럼 기억될 것이다.

두번째 이야기: 완도편

생명의 보고, 완도

완도! 옛 기록을 찾아서

여행이란 기대와 함께 설레게 하는 그 무엇이 있다. 두근거림과 함께 이번 여행지는 지난 식물 탐사 지역과는 다른 남쪽 섬으로 결정했다. 왜냐하면 섬은 새로운 탐사지일 뿐만 아니라 그동안 보고 싶었던 식물을 만날 수 있는 곳이기 때문이다. 지금까지는 주로 중북부 식물을 대상으로 탐사를 해왔다. 경기도 용문산, 강원도 대암산, 향로봉, 한계령, 미시령, 백두산, 만주가 탐사지역이었다. 식물을 연구하면서 참고문헌과 각종 자료에서 이해가 되지 않았던 남부 식물을 이번 탐사를 통해 어느 정도 해결할 수 있지 않을까 하는 생각에 완도 여행은 특별한 의미로 다가왔다.

해남과 완도를 잇는 구 완도대교

오래 전부터 생각해왔던 완도 여행을 오늘에서야 옮기게 되어 흥분을 감출 수 없다. 출발에 앞서 자동차를 점검했다. 워낙 먼 길을 가야하고 또 어디까지 가야할지 모르기 때문이다. 기름을 가득 채우고 가벼운 기분으로 고속도로를 내달았다. 아침 일찍 출발했지만 대전을 지나서야 식사할 만큼 거리에 대한 부담도 컸다. 여산 휴게소에 들러 아침을 먹고 서해안고속도로를 달려 오전 12시가 되어서야 목포에 도착했다. 목포는 학창시절 친구들과 잠깐 들렀던 후로 20여 년이 지난 지금에서야 식물 탐사를 위해 다시 찾게 된 곳이다.

최근 영하 20도를 오르내리는 중부 지역 날씨와 달리 이곳은 해안 기후여서인지 따뜻하고 온화한 바람이 분다. 정말 이곳이 남쪽 바다구나 하는 생각에 발걸음을 더욱 재촉하여 해남을 지나 완도로 향했다. 처음 눈길을 사로잡은 것은 작은 등대모형이었는데, 어찌나 예쁜지 자동차를 세우지 않을 수 없었다. 특별한 것이 아닌데도 들뜬 마음에 등대모형을 사진 속에 담았다. 완도대교 밑으로 들락거리는 바닷물을 보면서 비로소 섬이구나하는 생각에 안도감과 신비감이 교차하였다.

완도로 들어서자 도로가 왼쪽과 오른쪽으로 나뉜다. 우리는 우선 오른쪽 길을 선택하고 해안을 따라 식물 탐사를 계획했다.

섬은 고요하고 적막하다. 20여 분이 지났을까, 밭 가장자리에 길게 펼쳐진 숲이 나타났다. 우리는 차를 세워 숲으로 조심스럽게 들어갔다. 눈에 익숙지 않은 송악덩굴이 굵은 나무줄기를 휘감아 올라가고, 그 옆으로 큰 무리를 이루면서 푸른 잎을 달고 있는 생달나무가 길게 줄지어 있다. 나무 숲 밑에 있는 가파른 개울로 내려가 이곳저곳을 둘러보니 양치식물이 있다. 도깨비쇠고비, 비늘고사리 등이 군

비늘고사리

도로를 따라 길게 늘어선 상록 숲

락으로 자생하고, 커다란 나무줄기에 뿌리를 내린 마삭줄과 콩짜개덩굴이 뒤엉켜 있다. 손바닥처럼 넓게 펼쳐진 보리밥나무도 눈에 띈다. 비늘고사리는 특별히 익숙하다. 경기도, 강원도, 백두산에 널리 퍼져 있는 비늘고사리가 이곳에서 생육하고 있다는 사실에 매우 반가웠다.

숲을 잇는 밭은 침묵하고 있다. 아직 농사철이 시작되기 전이라 한가롭고, 아지랑이만 피어나고 있다. 그런데 큰 무리의 식물이 낯설게 다가왔다. 다름 아닌 봄동이다. 봄동은 마치 봄의 전령처럼 잎을 새파랗게 펼치고 있다. 봄동은 내가 특히 좋아하는 것으로 된장국을 끓여 즐겨먹는 봄채소이기도하다. 봄동이 자연스럽게 자라는 풍경이 멋있고 아름다워 해변을 배경으로 사진 한 장을 찍었다. 밭둑에 또 다른 뭔가가 있어 눈을 돌려보니, 개불알풀이 살포시 피어나 보라색 얼굴을 내밀고 있는 것이 아닌가! 아주 작고 앙증맞다. 중부지방에서 개불알풀은 여름철 길가에서 즐겨 볼 수 있는 식물이다. 그런데 2월 하순인 이곳에서 꽃을 본다는 것은 정말 생각지도 못했던 일이다. 그 옆에 또 붉게 피어나는 무엇이 있다. 가만히 들여다보니 밭둑에서 가끔 볼 수 있는 광대나물이다. 냉이도 덩달아 꽃대를 조금 내밀었다. 봄은 봄이다. 2월, 남녘의 봄이 온 것인가!

우리 일행은 배를 타고 화흥포항으로 향했다. 화흥포항은 노화도와 보길도를 연결하는 항구로, 하루에도 10여 차례나 배가 오고간다. 우리는 완도에 대해 잘 알지 못하는 상태로 보길도에서 1박을 해야 했으므로 다소 긴장이 되었다. 그래도 용기를 내어 보길도로 향하는 배표를 끊었다. 그제야 배고픔이 밀려 왔다. 오후 2시가 훌쩍 넘은 시간이다. 새로운 곳에 대한 설렘으로 배고픈 줄도 모르고 이곳까지 줄행랑을 치듯 달려온 것이다.

완도는 일본에서 온 식물학자 나카이, 우리나라 최초의 식물학자 정태현 박사, 이창복, 이영노 교수 등 많은 대학자들이 식물을 탐사한 곳이고, 지금도 많은 학자들이 연구를 하는 남부지역의 중요한 섬이다. 그래서인지 이번 탐사에 임하는 각오가 남다르다. 배가 출발한지 40분이 지나서야 노화도에 도착했다. 보길도로 가는 배가 특별히 있는 것이 아니라 노화도의 동천항에서 자동차로 보길대교를 건너야 한다. 처음이라 무엇을 어떻게 해야 할지 몰라 무턱대고 사람들에게 "보길도가 어디에요?" 라며 길을 물었다. 한참을 가다가 만난 도시가 노화읍이다. 제법 큰 규모의 도시가 형성되어 깜짝 놀랐다. 이 섬에 이렇게 큰 도시가 있고, 초·중·고 학교와 시장이 있다는 사실에 놀라웠다. 노화읍 시내를 지나자 커다란 보길대교가

노화도와 보길도를 잇는 보길대교

보인다. 한걸음에 우리는 보길대교를 건넜다. 붉게 색칠해진 보길대교 교각은 아치형이다.

또 하나의 작은 대교를 지나자 우측으로 보길중학교가 보인다. 막 돌아서려할 때 뭔가 특이한 나무가 보인다. 다름 아닌 중국에서 들여온 나한송이다. 보길도는 일본과 중국이 가까워서일까 그곳에서 들여와 심은 상록수가 더러 있다. 나한송이 그러한데, 문헌에서만 보다가 이곳에서 처음으로 만나니 신기하여 들뜬 마음을 감출 수 없다. 보길면사무소 앞을 지나 해변으로 갔다. 해변을 따라 이어지는 야산은 그리 높지 않고 나지막하다. 오솔길로 들어서자 맨 먼저 덩굴나무가 눈에 들어온다. 덩굴나무! 이것이 무엇일까? 처음 보는 모람 덩굴을 만지며 생각한다. 두꺼운 혁질로 만들어진 잎이 한겨울인 지금도 이렇게 푸른 모습을 띠고 있다는 것이 신기하고 이

덩굴식물인 모람

잎사귀가 붉은 다정큼나무

풀고사리 군락. 키가 거의 2m에 이른다.

풀고사리 포자낭

발풀고사리 생태와 포자낭

채롭다. 그 옆으로 어린 황칠나무, 다정큼나무, 해변노간주가 있다. 궁금증이 더해 조금 더 올라가니 큰 무리의 양치식물이 있다. 풀고사리가 자생하고 있는 것이 아닌가! 우아하면서도 섬세하게 늘어진 잎은 남국의 야자수 잎과 거의 흡사하다. 풀고사리 옆에 잎이 작지만 비슷하게 생긴 발풀고사리 군락도 보여 더욱 놀랐다. 2종류의 희귀 고사리를 한 곳에서 만날 수 있다는 것은 큰 행운이 아닐 수 없다.

덩굴을 헤치며 나가자 작은 광나무, 자연스럽게 싹이 터 자라는 나한송, 곡선이 아름다운 춘란, 귀여운 다정큼나무 붉은 새순이 보인다. 호기심이 발동했다. 조금 더 야산으로 들어가자 상록 덩굴식물들이 앞을 가로막는다. 멀꿀, 구실잣밤나무, 해송, 마삭줄 등이 자유롭게 엉겨 자라고 있다. 바위틈 사이로 얼굴을 내민 마삭줄은 붉은색을 띠며 야생화 분경처럼 바위 위를 살포시 기어오르며 붙어 있다.

풀고사리와 발풀고사리의 특징은 엽신에 있다. 가만히 보면 잎의 발생 형태가 다르고, 포자낭의 위치도 약간 다르다. 포자낭은 아주 작고 미세하여 카메라 접사로 촬영을 해야만 그 모양과 크기를 관찰할 수 있다. 세계에 3속이 있는데, 우리나라에 2속이 있다.

잠시 자리를 옮겨 보길도 해안가를 우로 돌자 도로 옆 길가 양지바른 곳에 무언가 보인다. 차를 세우고 가만히 올라 관찰해 보니 고사리는 맞는 것 같은데 잘 생각이 나지 않는다. 잎의 뒷면을 보자 붉은 반점의 포막이 덮여

길가 양지바른 곳 사면에 있는 홍지네고사리

붉게 물든 홍지네고사리 포자낭

바위고사리

포자잎이 위로 나온 봉의꼬리

있다. 이렇게 붉은 포막을 하고 있는 것을 보니 이것은 분명 홍지네고사리임이 틀림없다. 아주 큰 무리로 군생하며 살고 있다. 주변을 좀 더 살펴보니 봉의꼬리, 바위고사리 등 그동안 책에서만 보던 다양한 고사리들이 눈앞에 펼쳐 있다.

정자리 마을로 가는 길은 평온하고 정연하다. 큰 도로를 따라가다 보니 도로 옆으로 고택古宅이 보인다. 차에서 잠시 내려 고택 안과 주위를 살펴보았다. 아담하지만 전통의 형식을 갖춘 집이라 격조가 있어 보인다. 돌담을 의지해 자라는 송악 무리가 보였고, 큰 나무 줄기에 붙은 일엽초가 가녀리게 피어 있다. 정원에 단정히 심은 일본산 만년청 잎은 한겨울에도 큰 활처럼 시퍼렇게 자라고 있다. 그 외에도 도깨비쇠고비, 철쭉, 나한송이 있고, 돈나무는 옛 건물과 잘 어울려 남쪽 풍경을 그려내고 있다.

화단에 심은 일본산 만년청

나무줄기에 붙은 일엽초

1. 황칠나무 숲 안에 있는 참지네고사리 2. 참지네고사리 포자낭 3. 일본산 삼나무, 구과가 탐스럽게 열려 있다. 구과의 실편이 열리면 3~6개씩 종자가 있다. 잎 끝의 노란 것은 수꽃송이로 꽃가루를 만드는 이삭이다. 4. 노화도의 야경, 고즈넉한 분위기를 자아낸다.

완도 정자리 황칠나무
천연기념물 제479호로 가슴둘레 102cm, 높이 15m로 우리나라 황칠나무 중 가장 오래된 나무

10여 분을 더 달리자 보길도 정자리 황칠나무 풋말이 보인다. 천연기념물 제479호로 지정된 황칠나무는 어두운 밀림 속에 사는데, 외부 손길이 잘 닿지 않은 섬에서 수 백 년 동안 살아오면서 세월을 지켜오고 있다. 나무줄기는 곧고 굵다. 최근에 밝혀진 황칠나무는 그 유명세를 타서 이곳 정자리의 새로운 명물로 거듭나고 있다. 숲 속에는 참지네고사리, 곰비늘고사리가 지천으로 깔려 있고, 숲 밖으로 나오니 커다란 삼나무가 남쪽 바다를 향해 있다.

해가 저물어 어둠이 밀려와 더는 생태조사를 할 수가 없었다. '땅끝전망대'에서 길을 돌려 숙소로 향했다. 보길대교를 건너자 노화도 시내의 밤거리는 여느 해변 도시보다 아름답고 평화롭다. 해변을 밝힌 가로등에 바닷물은 출렁이고, 밤하늘엔 달이 빛나고 있다.

옛 선비를 만나…

이튿날 아침, 섬의 오른쪽에 위치한 '송시열 글씐 바위'로 향했다. 보길면사무소를 지나 중리 은모래해변을 따라가다 보면 큰 바위산이 바다로 어깨를 내밀고 있는데, 이곳에 '송시열 글씐 바위'가 있다. 산책로는 채 가시지 않은 안개가 고요하여 옛 선비의 발자취가 서린 듯 걸음걸음이 조심스럽다. 해변 산길은 자연 그대로 잘 보존되어 있었다. 길가에 많은 야생식물이 자연스럽게 어울려 살고 있다. 붉게 물든 사스레피나무, 동백처럼 빛

'송시열 글씐 바위'로 가는 길

동백앞과 매우 흡사한 광나무

꽃이 대롱대롱 매달려 있는 사스레피나무

나는 광나무 잎, 잎사귀가 둥그런 후박나무 등이 있고, 길가 양지바른 곳에 귀를 쫑긋이 내민 족제비고사리, 인편이 더부룩한 바위족제비고사리, 희귀종인 탐라사다리고사리, 솜털로 가득한 잔고사리 등이 곳곳에 있다. 바닥에는 은빛처럼 빛을 내는 떡쑥이 있다.

한편에는 커다란 소나무가 우거지고, 반그늘 바닥에는 자금우가 소복이 고개를 내밀면서 작고 빨간 열매를 달고 있다. 이곳은 자연을 잘 보존한 덕분에 남국의 풍경을 그대로 간직하고 있다. '송시열 글씐 바위'로 다가가니

햇볕을 좋아하는 족제비고사리

뒷면에 포자낭이 크다.

양지바른 곳에 자생하는
탐라사다리고사리와 포자낭

소나무 밑에 조밀하게 깔려 사는 자금우
작은 열매가 좌측에 있다.

1. 해안가 절벽 틈에서 자라는 다정큼나무 2. 우묵사스레피
3. 나무 위로 올라간 마삭줄 4. 해변 절벽에 있는 돈나무

바위틈 사이로 도깨비쇠고비가 애처롭게 뿌리를 잡고 있다. 잎이 동그란 다정큼나무, 작은 잎에 앙증맞은 우묵사스레피, 돈나무, 해송 등 상록수가 주종을 이루며 바위산을 덮고 있다. 간간히 보이는 마삭줄은 나무를 감고 올라가며 붉은색으로 아름다운 동선을 그리고 있다.

큰 바위 암벽엔 송시열의 글이 쓰여 있고, 글은 바다를 바라보며 옛 님에 대한 충절과 애달픔을 흐느껴 읊고 있다.

여든 셋 늙은 몸이
푸른 바다 한가운데에 떠 있구나.

한 마디 말이 무슨 큰 죄일까
세 번이나 쫓겨난 이도 또한 힘들었을 것이다.

대궐에 계신 님을 속절없이 우러르며
다만 남녘 바다의 순풍만 믿을 수밖에

담비갖옷 내리신 옛 은혜 있으니
감격하여 외로운 충정으로 흐느끼네.

송시열 암각서문 해설

송시열 암각서문 일부

어촌의 아름다운 항구, 살짝 후박나무 가지가 걸려 있다.

거대한 후박나무 숲 밑에 전복양식 기구들이 놓여 있다.

해변 따라 자생하는 상록 수림대

되돌아오는 길에 어촌의 항구에 들렀다. 항구 물속에는 나폴리의 해변처럼 에메랄드빛이 녹아 있다. 우리나라에도 저렇게 아름다운 항구가 있구나 생각하면서 항구 모습을 사진으로 담았다. 마을 어귀마다 자리하고 있는 후박나무 숲은 매우 크고 우람하여 오랫동안 마을을 지킨 파수꾼 같다.

항구로 연결되어 있는 해변 멀리 큰 숲이 눈에 들어온다. 우리 일행은 해변 상록수림대로 발길을 옮겼다. 해변은 작은 조약돌로 수를 놓으며 커다란 포물선을 그리고 있다. 언덕을 오르자 사면에 짙은 녹색 빛을 띤 고사리가 보인다. 그 무리가 거의 70~80cm 정도에 이르고, 고사리 군락이 제법 넓어 사면 전체를 덮고 누워 있다. 자세히 보니 가는홍지네고사리이다. 우편의 폭이 좁아 크고 조밀하다. 단풍이 든 바위고사리도 군생하고 있다.

해변 옆 가파르고 건조한 사면에 살고 있는 바위고사리, 단풍이 붉게 물들었다.

해안 사면에 있는 가는홍지네고사리와 포자낭군

식물도감에서만 보던 바위고사리를 이곳에서 보니 감개무량하다. 바위고사리는 햇볕이 강하고, 건조한 비탈 사면에 뿌리를 내리고 산다. 이렇게 건조한 곳에서 어떻게 자랄 수 있을까 하는 의문과 함께 해변 사면을 따라 자생하고 있는 바위고사리를 사진에 담았다.

해변을 따라 펼쳐진 상록수림대는 푸른 바다와 어우러져 아름다운 그림을 그리고 있다. 되돌아오는 길에 길가에 심겨 있는 굴거리나무, 동백나무를 보았다. 이곳 섬에 잘 어울리는 수종을 심어 풍광이 아름답다. 도로는 해안을 따라 절개하여 가파르다. 도로 옆 절개지를 의지하며 곳곳에 작은 고사리가 있다. 이런 척박한 곳에서 잘 살 수 있을까 하는 의문이 들었으나 바로 앞에 바다가 있으니 어울려 사는 것이 아닌가 생각하였다. 절개지 사면에 뿌리를 내린 고사리는 아주 많다. 특히 건조에 강하고 돌 틈에서도 잘 살 수 있는 바위족제비고사리가 큰 무리로 아름답게 자리를 잡고 있다.

바위족제비고사리 생육 환경

바위족제비고사리 포자낭군

마을 입구

비파나무 꽃

보리밥나무

광귤

항구로 들어서자 몇 안 되는 가구로 이루어진 마을이 우리를 반갑게 맞이한다. 마을 앞에는 바다가 보이고, 논과 밭이 어우러져 있다. 집 울타리에 기대어 심은 나무들이 여러 그루 보이는데, 돌로 된 울타리를 의지하여 꽃을 피운 비파나무가 이채롭다.

비파나무는 일본산 상록소교목으로 과일을 얻기 위해 심겨 있다. 그 옆으로 알알이 여물어 가는 보리밥나무가 보이고, 잘 다듬어진 단풍나무가 광귤 과실과 어울려 어촌 풍경을 아름답게 꾸미고 있다. 광귤 역시 동남아시아 원산으로 우리나라 남부 여러 지역에서 재배되는 과실수다. 우리는

삼나무 잎과 잎 끝에 달린 수꽃

잎 뒷면에 흰색이 있는 화백

탐스럽게 잘 익은 광귤을 찍으러 집 안으로 들어갔다. 뜻하지 않게 주인을 만나 조금은 놀랬다. 하지만 집주인은 반가운 듯 인사를 받아 주었다. 광귤 열매를 신기하게 바라보는 나에게 사진 촬영을 흔쾌히 허락하고는 열매가 달린 가지 두어 개를 꺾어 주었다. 나오면서 거듭 고마움을 표시하고 발길을 돌리려는데. 돌담 밑에 곱게 자란 봉의꼬리가 포자잎을 펴고 있어 '참 특이한 생태적 특성을 갖고 있구나!' 하고 생각했다.

마을 길가에 길게 무리를 지어 늘어선 삼나무 숲이 보인다. 중부지방에서는 좀처럼 볼 수 없는 수종이다. 삼나무는 일본에서 우리나라 소나무처

멀구슬나무 열매

럼 가꾸며 목재로 활용하는 나무이다. 이곳이 일본처럼 따뜻한 난대기후여서인지 곳곳에 자생하고 있다. 삼나무 솔방울인 구과가 귀엽고 탐스럽다. 화백나무도 "저도 있어요."하며 손바닥을 힐끗 내민다. 화백나무는 일본산 상록수로서 뒷면이 흰색으로 물들어 있다.

숲 속 낙엽수가 멋진 자태를 뽐내고 있다. 잎이 하나도 없다. 저 나무 이름은 무엇일까? 먼저 사진부터 찍었다. 가만히 살펴보니 나무줄기 끝에 열매가 달려 있다. 조심스럽게 다가가 열매를 찍었다. 무엇보다 열매는 이름을 찾는데 큰 단서가 된다. 식물도감을 찾아보니 낙엽활엽수인 멀구슬나무이다.

멀구슬나무

윤선도의 원림: 조선시대의 대표적인 별서정원으로 고산(윤선도의 호, 孤山)이 직접 조성한 생활공간이자 놀이공간으로 조선 가사문학의 대표작인 [어부사시사]가 이곳에서 탄생되었다.

세연정 앞 작은 연못

보길도의 명승지 세연정을 가다

보길도 해변 탐사를 마치고 보길도 내륙으로 들어갔다. 2월 중순인데도 이곳 내륙은 제법 봄이 느껴진다. 멀지 않은 곳에 세연정이 있다. 오래 묵은 나무와 어우러진 세연정 정원이 고즈넉하다. 세연정 정문 옆에 작은 연못이 있고 왼쪽으로 푸른 대나무 숲이 있다.

처음 와본 곳이라 낯설고 만나는 식물 모두 신기할 따름이다. 그 중 동백꽃은 자생으로 처음 보는 꽃이라 새로워 잎과 수피를 만져보기도 하고 촬영도 하였다.

아치형으로 된 돌다리 건너편으로 세연정 정자가 위용을 드러낸다. 사각의 안정된 기둥에서 하늘로 치솟은 처마는 한국의 전통 건축 예술을 보는 듯하다. 정자에 새겨진 현판 '세연정洗然亭'을 보았다. 저 것이 글씨일까? 아니면 그림일까? 홀연 추사 선생께서 나타나 일필휘지一筆揮之로 그려낸 듯 글씨가 삼족오를 그리며 홀연히 하늘로 날아가는 듯하다.

세연정 현판

세연정을 지키고 있는 소나무

정자 앞에 심어 놓은 조선소나무는 윤선도 선생의 고풍高風을 보는 듯하다. 세연정 물가로 내달는 긴 가지는 연꽃을 사모하듯 연시 손짓 하는 듯하고, 연못 위에 떠 있는 연잎은 소나무의 기개를 더욱 북돋아 주는 듯하다.

400년 전 윤선도가 낙향해서 지었다는 세연정에는 벗을 가까이 하기 위해 옮겨 놓은 바위가 아름답다. 바위는 그리운 듯 서로를 바라보고 이야기를 나누고 있다. 멀리 보이는 대나무도 병풍을 펼치고 한겨울에 푸른 기상을 한껏 뽐내고 있다. 대나무 숲을 지나 나지막한 언덕을 따라 오르자 희귀한 고사리가 눈앞에 얼굴을 내민다.

참가시나무에 비해 잎은 얇으며, 뒷면이 보다 희고
톱니가 침처럼 예리한 넓은잎참가시나무

낙엽 속에 숨은 푸른각시고사리와 포자낭군

자세히 보니 푸른각시고사리, 참지네고사리, 풀고사리, 일엽초 등이 서로를 의지하며 자연스러운 생태를 이루고 있다. 그 옆으로 넓은잎참가시나무도 보인다. '잎 뒷면이 희고, 톱니가 보다 예리한 것을 넓은잎참가시나무라 하는데 이곳 보길도에서 자란다.'라고 이창복 식물도감은 소개한다.

좁은 오솔길을 따라 세연정을 나와 우리 일행은 내륙으로 깊이 들어갔다. 동그란 섬 모양을 한 보길도는 높은 산과 커다란 암괴로 산수가 수려하다. 마을을 지나 맨 먼저 만난 것은 동백나무 숲이다. 어려운 여건 속에서도 잘 보존돼 있었다. 그동안 분재니 뭐니 해서 동백나무 숲이 만신창이가 된 것이 사실이다. 가는 곳곳마다 마구잡이로 채취하여 동백나무를 찾아볼 수 없었는데, 이렇게 잘 보존돼 있는 것이 뜻밖이다. 식물을 공부하는 사람으로서 천만다행이라 생각지 않을 수 없다. 어떻게든 사람의 출입을 막아 훼손을 줄이려는 주민들의 노력이 아름답다. 돌 울타리를 만들어 외부의 진입을 막고, 하천을 큰 돌들로 쌓아 숲의 무너짐을 막았다. 귀한 씨앗들은 밭에서 모종으로 정성스레 키우고 있다. 우거진 잔가지를 비껴가며 숲 속으로 들어서자 짙게 물든 붉은 봉오리가 시선을 빼앗는다. 햇볕이 든 동쪽 귀퉁이에 붉게 핀 동백꽃이 만발한 것이 아닌가! 자생으로 피어 있는 동백꽃을 만난 지금 난, 잠시 황홀경에 빠져들었다.

잘 보존된 동백 숲

동쪽 끝에 붉게 피어난 동백꽃

동백 숲을 지나자 추운 겨울인데도 논이 푸른 옷을 입고 있다. 가을에 뿌린 보리가 푸른 초원을 연출한 것이다. 산에 오르니 커다란 동백나무가 있다. 그 밑에 콩짜개덩굴, 마삭줄이 엉겨 붙어 있다. 산중턱까지 이르는 길가엔 대나무가 숲을 이뤄 앞길을 막을 정도이다. 솜대라고 하는 이 대나무는 토종으로 넓게 퍼져 있다. 개울가를 정글처럼 뒤덮고 있어 마치 밀림에 온 것 같은 착각을 일으킬 정도다. 간혹 개울가로 뻗어 나와 마디게 자라는 솜대 뿌리가 기이한 조각품 같다.

분지에 자리한 마을은 평화롭다. 아낙네들의 목소리가 울려오고, 봄동 푸른 잎이 봄을 재촉한다. 밭에는 마늘이 파랗게 자라 있고, 그 옆에는 완도 특산인 황칠나무 묘목들이 황금물결로 춤을 추고 있다. 오솔길을 따라 걷고 또 걸었다. 해변으로 가는 길은 작은 항구와 접해 있다. 해변에 위치한 섬은 해송으로 풍경을 만들고, 길가의 개산초, 붉가시나무는 손님을 반갑게 맞이한다. 예전에 분재원에서 만났던 개산초가 날카로운 가시를 드러내며 내게 인사를 한다. 가지 끝에 달린 구슬처럼 동그란 열매가 새들을

위 왼쪽부터
숲을 이루고 있는 분죽(솜대)
동백나무에 붙은 콩짜개덩굴
솜대의 뿌리줄기

해안가 해초류

왼쪽부터
해변 바위에 살고 있는 땅채송화
물이 출렁이는 바위 위 해초류
바위에 다닥다닥 붙은 불등풀가사리

유혹하고 있다.

마을 사람들은 해변 모퉁이에 연인들이 쉴 수 있도록 정자를 만들어 놓았다. 나는 정자를 지나 해변에 있는 바위로 발을 옮겼다. 그곳에는 작은 식물들이 살고 있는데, 오늘 운 좋게 큰 무리의 야생화를 만났다. 태양빛을 받아 붉게 물든 땅채송화가 멋진 풍경을 만들고 있는 것이 아닌가!

출렁이는 물속에 이끼처럼 보이는 해초가 있다. 바위수염, 지충이, 구멍갈파래, 불등풀가사리 등이 거친 바위 표면에 두텁게 붙어살며 바닷물에 목욕을 하고 있다. 바위 위 땅채송화와 갯까치수영도 바닷물에 몸을 흠뻑 적시며 살고 있다.

어둠이 몰려오기 전 하나라도 식물을 더 찾아보려는 마음으로 다시 발길을 옮겼다. 해변 언덕에 가시덩굴과 인동덩굴이 엉겨 붙어 있어 앞으로 나가는데 무척 힘들었다. 눈앞에 빨간 열매가 나타났다. 여우콩이다. 여우

1. 해변가에 있는 갯까치수영, 잎이 매끈거리고 주걱 같다.
2. 나무에 덩굴로 올라가 열매 맺은 여우콩
3. 상록으로 겨울을 지내는 인동덩굴
4. 암벽 틈에 자라는 꼬리고사리 군락
5. 꼬리고사리 포자낭

콩은 남쪽지방에 많이 나는데, 콩깍지는 붉은색을 띠고, 열매가 콩깍지에 붙어 튀어 나가지 않는 특징이 있다.

어둠이 밀려오자 자동차가 거침없이 노화도를 향해 달린다. 동백꽃이 차창에 스치며 지나가고, 큰 바위 위로 꼬리고사리와 콩짜개덩굴이 인사한다. 힘겹게 몸을 일으켜 세워 사진을 찍고, 무거운 발걸음으로 겨우겨우 노화도에 도착하였다. 식사를 마치자 창가로 찾아드는 훈훈한 파도 소리에 곤한 잠이 물결처럼 밀려왔다.

노화도 북고마을에서

2월 19일, 보길도 식물 탐사를 마치고 아침 일찍 완도로 가기로 했으나 노화도를 둘러보지 않고 떠난다는 것이 못내 아쉬워 탐사하기로 하였다.

지도를 보면 노화도에서 위로 꼬리처럼 보이는 곳이 북고리이다. 노화읍에서 일단 북고리로 들어가 보기로 했다. 이 섬에 대해 알고 있는 것이 전혀 없었기 때문에 지도를 보며 내륙으로 들어갔다. 내륙에는 논과 밭, 소

나무만 무성히 자라고 있을 뿐 아무리 둘러보아도 특이한 식생지를 찾아볼 수가 없다. 20여 분이 지나 노화광산과 완도광산이 나타났다. 이런 아름다운 섬에 광산이 있을 거라고는 미처 생각지 못했다. 그래서인지 큰 산이 잘록하게 파헤쳐 산의 모습이 온전하지 않았다. 안타까운 마음을 달래며 노화광산을 지나 뒷북고리로 향했다. 멀지 않은 곳에 노화도 북고마을 안내판이 보였다. 예전에는 아주 작은 진입로였는데 새로운 도로가 포장되어 마을이 산뜻하게 꾸며졌다. 북고마을을 지나자 야산으로 연결된 좁은 비포장도로가 나온다. 수산공장을 세우는 덕에 길이 조금 더 확장되어 차량이 겨우 지나갈 수 있었다.

비탈 사면에 올라 살펴보니 큰족제비고사리가 있다. 큰족제비고사리의 초장은 70~80cm로 제법 길고 하부 인편이 검은 갈색으로 덮

절개 사면에 살고 있는 큰족제비고사리

큰족제비고사리 포자낭

집터 앞에 무리를 지어 사는 큰족제비고사리

오솔길 상록수림

여 가늘고 덥수룩한 모습을 하고 있다. 잎 뒷면 우편에 붙은 포자낭의 크기도 이름처럼 크다.

차량 진입이 더 이상 어려워 걷기로 했다. 좁은 산 능선을 따라 양쪽으로 해안 절경이 아름답다. 언덕에 옛 건물터가 경치 좋게 자리 잡고 있다. 앞의 해안은 포구인데 오른쪽 북고리 끝은 요새처럼 뾰쪽하게 나와 예전에 중요한 해안 초소 자리가 아닌가 짐작된다. 집터를 지나자 아주 작은 오솔길이 나온다. 양지바른 곳에 고사리가 무리를 지어 살고 있다. 야생의 자연이 그대로 보존돼 원시적인 모습을 고스란히 간직하고 있다. 상록 사스레피나무, 돈나무, 다정큼나무, 우묵사스레피 등이 길옆으로 줄지어 서 있고, 고사리를 비롯해 고비가 마른 채 새 봄을 기다리고 있다. 조금 더 걷자 탐스러운 가는홍지네고사리가 길가를 장식하고 있다. 포자낭을 살펴보니 이 역시 포자낭이 붉게 물들어 있다.

위부터
가는홍지네고사리 생태
가는홍지네고사리 포자낭
초소같이 보이는 돌 석축
바위틈에 자리한 해국
돌 틈 사이로 뿌리를 내린 갯기름나물

가는홍지네고사리는 우축과 우축 간의 간격이 좁아 약간 겹쳐지며, 엽질이 종이질 같고 표면에 광택이 있다.

한참을 걸어 북고리 해안 끝에 다다랐다. 소나무 사이로 바다가 보이고 돌로 쌓은 듯 초소가 길게 해안을 싸고 있다. 해안으로 내딛는 바위틈에는 돈나무, 해송 등이 무리를 지어 있고, 겨울을 이겨낸 해국과 갯기름나물이 봄을 맞은 듯 새싹을 살짝 내밀고 있다.

바다는 넓고 평온하다. 식물을 찾다가 잠시 쉬고 있는데 인기척이 들린다. 순간 사색의 적막이 깨지면서 급히 자리를 옮겼다. 아쉬움을 달래며 되돌아오는데 광나무, 마삭줄, 동백 등이 숲을 이루고 있는 모습이 보였다. 난대 수림대가 아닐까 하는 생각이 들 정도다. 내려가는 경사면에 큰족제비고사리가 예쁜 모습을 하고 있다. 그 자태가 아주 곱다.

해안선이 눈앞에 넓게 펼쳐진다. 제일 먼저 사철나무가 눈에 들어왔다. 해안 절벽에 기대어 있는 사철나무는 붉은 열매를 소복이 달고 있다. 제철 만난 듯 씨앗이 진분홍으로 탐스럽다. 그 옆에 넓게 자리한 예덕나무는 이른 봄에 새싹이 붉게 나와 쉽게 구별이 된다. 이곳에서 특별히 예덕나무를 만나 좋은 장면을 기록으로 남길 수 있어서 매우 뿌듯했다. 그 밑에는 보리

북고리 옆 호구 해안의 풍경, 멀리 김 양식장이 보인다.

자갈로 가득한 해변

해변 절벽에 붙어사는 사철나무

해변에 큰 무리를 이룬 예덕나무 군락

해안 절벽에 자리 한 해송

까마귀쪽나무 잎, 뒷면에 솜털이 가득하다.

장나무 잎이 햇빛에 반짝이고 있다.

해변 암벽은 해식에도 불구하고 굳건하다. 그 아찔한 절벽에 해송이 한층 멋을 내고 있다. 해변은 모래 대신 작은 돌들로 이루어져 있다. 완도 인근 해안에서 자주 볼 수 있는 광경이다. 절벽 바위틈에는 참나리, 도깨비쇠고비, 사철쑥, 해국, 갯기름나물 등이 자라고 있다.

한적한 오솔길 바닥엔 자금우가 나무숲을 장식한다. 덩굴식물인 멀꿀도 나뭇가지를 감고 기대어 햇살을 받고 있다. 잠시 눈이 휘둥그레졌다. 뭔

소나무 줄기를 타고 올라간 콩짜개덩굴과 포자낭 하트 모양의 잎은 송악이다.

청미래덩굴이 추운 겨울을 이겨내고 봄볕을 받아 더욱 붉다.

가 심상찮은 것이 눈에 띄었다. 잎 뒷면에는 솜털 같은 것이 있고, 잎은 크며 타원형으로 꽤 두터운 편이다. 자세히 보니 까마귀쪽나무이다. 참으로 반갑고 신기하다. 언제나 그렇듯이 처음 보는 식물을 만나면 난 설렘과 기대감으로 가슴이 두근거린다. 잠시 발길을 옮겨 오솔길을 지나 숲에 들어서니 작은 덩굴들이 엉겨 있다. 송악, 콩짜개덩굴, 청미래덩굴 등이 나무와 바위 위를 이불처럼 덮고 있다. 털머위 작은 씨앗이 씨를 뿌리려 고개를 살랑인다.

노화도 동천항 전경

붉게 보이는 것이 전복 양식장

노화도에서는 많은 식물을 만나지 못하고 돌아올 수밖에 없었다. 하지만 큰족제비고사리, 가는홍지네고사리, 갯기름나물, 예덕나무, 까마귀쪽나무, 좀사다리고사리 등 몇몇 진귀한 식물들을 만나 깊은 인상을 받았다. 우리 일행은 노화도 동천항 터미널에 도착하여 완도로 향하는 배에 올랐다.

동천항에서 완도까지는 40여 분이 걸린다. 바다에는 전복 양식장이 장관을 이루고 있다. 이는 완도 주민들의 중요한 소득원이다.

배 안에서 한가롭게 커피를 마시고 있는데 한 할아버지께서 다가와 말씀을 하신다. "이봐 젊은이, 어디 가나?" 거친 손을 내밀며 악수를 청한다. "완도로 갑니다.", "그래, 어디에 사나? 이곳에 무엇 하러 왔소."하고 한숨을 내쉰다. 할아버지께서는 인천 아들네로 간다 하시며 이곳 완도 김양식이 이곳 사람들에게 얼마나 중요한 소득원이 되는지 상세히 알려 주셨다. 냉한 기후로 인해 올해 김양식이 거의 전멸되었다고 안타까움을 토로하며 어렵고 힘들게 사는 우리 어민들의 고충을 젊은이는 꼭 잊지 말았으면 좋겠다고 거듭 당부하신다. 애틋한 마음에 불어오는 바다바람이 더욱 차갑게 느껴진다. 배는 어느덧 완도항에 도착하였다.

완도 정도리 구계등 해변

노화도에서 40여 분 지나 완도 화흥포항에 도착했다. 화흥포항에 도착해서 어디로 갈까 고민하다가 정도리 구계등으로 가기로 했다. 해변으로 가는 길에 큰 대로로부터 그리 멀지 않는 곳에 해수욕장이 펼쳐진다. 해수욕장은 큰 호박돌들로 가득하다. 돌로 이루어진 해수욕장은 그리 많지 않은데 이곳은 특별히 돌이 크고 아름다워 관광지로 유명하다.

모래 대신 호박돌로 이루어져 있는 해변은
수 천 년에 걸쳐 만들어졌다고 한다.

남쪽으로 해변이 펼쳐진 정도리 구계등 해수욕장

감탕나무

붉가시나무

완도의 주도

주차를 하고 관람실을 지나자 가지런히 잘 정돈된 숲이 나타난다. 숲은 오솔길로 만들어져 있어 걷기가 편했고, 울창한 나무들로 시원했다. 나무마다 명찰이 있어 오고가는 사람들에게 궁금증을 해소할 수 있도록 하였다. 단지 아쉬운 점은 다양한 수종에 대한 설명이 없고, 몇 가지 수종만 반복되어 있어 단조로웠다. 숲에 들어서자 만난 것은 감탕나무, 처음 보는 나무로 낯이 설다. 열매는 장과로 붉게 익고 감상 가치가 크다. 이와 비슷한 나무로는 먼나무가 있는데, 먼나무 역시 열매가 붉다. 나무 수형이 아름다워 정원수, 가로수로 많이 이용된다. 커다란 소나무를 비롯해 예덕나무, 후박나무, 붉가시나무와 그 어린 묘목들도 보았다.

구계등 해변 숲을 지나 완도 시내로 들어서자 완도 천연기념물 28호인 주도가 보인다. 주도는 상록활엽수림지로 수백 가지의 식물들이 천연 그대로 잘 보존되어 있다. 우리나라에서 가장 큰 육박나무가 있어 들어가려고 하였으나 천연기념물 지역이라 일반인은 출입을 할 수 없다고 하여 아

주도를 배경으로 해안 따라 조성된 완도 시내

완도에서 다리로 이어진 청해진 유적지 장도

봄을 기다리는 동백꽃 봉오리

바닷물이 들락거리는 동백나무 숲

쉬움이 컸다. 우리는 완도 시내를 따라 구경하며 77번 도로를 탔다.

국도 77번을 따라 가다보니 신지면이 나왔다. 신지대교를 건너자 길게 놓여 있는 큰 섬이 보였다. 신지 명사십리해변에 넓게 펼쳐진 해수욕장과 해송이 절묘하게 아우러져 장관을 이루었다. 차를 몰고 신지면사무소 뒤편으로 가보았다. 하지만 특별한 식물이 보이지 않아 다시 돌아와야만 했다. 완도 시내를 10여 분 벗어나자 청해진 유적지 장도가 보인다.

청해진 유적지인 장도는 밀물과 썰물에 따라 걷는 길이 다르다. 우리는 다리 밑에 있는 해변을 따라 걸었다. 섬 주위에는 해송과 동백나무들이 울창한 숲을 이루었고, 먼 바닷가는 아름다운 전경을 연출하였다. 마을 아낙네들의 굴 따는 모습도 보였다.

넓게 펼쳐진 해안가에서 굴을 따는 아낙네들과 작은 배

동쪽 해안을 따라 형성된 후박나무 숲

해안은 평화롭고 아름답다. 분주히 움직이는 아낙네들의 모습과 함께 왼쪽으로 동백나무 숲이 보인다. 동백나무 가지는 일제히 바다를 향해 있고, 바닷물에 뿌리가 잠겨 있다. 바닷물 염도가 매우 높은데 염생식물처럼 잘 적응하고 있는 것이 신기하기만 하다. 나뭇잎에 빛나는 광채가 싱싱하고 생명력이 넘친다.

섬 중간에 이르니 후박나무 숲이 나타났다. 숲은 인적이 닿지 않아서인지 훼손 하나 없이 자연 그대로의 아름다움을 간직하고 있다. 지금까지 보아 왔던 어떤 후박나무보다 잎의 색채가 맑고 선명하다. 붉게 여문 꽃봉오

붉게 여물어 곧 터질 듯한 꽃봉오리

후박나무 줄기 수형

갯벌에 꽂아 놓은 고기잡이 어망

리는 금세라도 피어날 듯 조밀히 여물었다. 나무의 수피도 연한 갈색으로 근육질 같고 부드러우며 거칠지 않다. 바위에 깊게 뿌리를 내린 줄기는 해풍에 오랜 세월을 견뎌 내서인지 굳고 건실하다.

저녁노을이 물들기 전의 바다는 생기가 넘치고, 푸른 옷을 입은 듯하다. 섬과 섬을 잇는 바다 가운데는 아늑한 마당처럼 어부의 전복 밭이 펼쳐져 있다. 갯벌 앞에 새로운 광경이 눈을 사로잡는다. 긴 나뭇가지가 갯벌에 꽂혀 있고, 그 옆에 또 하나의 긴 나뭇가지가 끈을 잡고 서 있다. 서로 줄을 잡고 연결되어 있는데, 아마도 물고기를 잡는 어망인가보다. 끈에는 통발이 걸리고 또 다른 그물이 나뭇가지에 연결되어 있다.

어부의 손길이 묻어 있는 갯벌나무 가지엔 삶의 향기가 피어나고, 석양의 쪽빛을 담은 바다는 한 폭의 풍경화로 다가왔다.

해안가에는 고목이 된 동백나무가 북쪽을 향하여 길게 군락을 이루었다. 동백나무 숲을 보며 견실히 잘 살아 있다는 것에 대해 고마웠다. 살며시 만져 보며 굵은 줄기를 사진으로 담았다. 굵기가 거의 한 뼘, 피부는 씨름선수 다리같이 강건

북쪽 사면에 자리한 동백나무 숲

하고, 근육질의 균형 잡힌 몸매를 하고 있다. 수관을 이룬 잎은 도토리 같은 꽃망울을 가득 달고, 솟구치는 봄의 향연을 애절히 기다리고 있는 듯하다.

동백나무 숲 아래 자라고 있는 팔손이나무
해풍이 온실같이 포근하게 감싸고 있는가 보다.

섬을 연결하는 다리가 있다. 석양을 따라 재촉하는 발걸음 앞에 개산초나무가 길을 막고 서 있다. 개산초는 잔가지에 턱잎이 변한 편평한 가시가 있고 잎을 이루고 있는 엽축葉軸에는 마치 방망이 같은 넓은 날개가 있다. 지난 1월 통영에서 본 팔손이나무를 이곳에서 또다시 만났다. 중부 내륙에서는 온실에서나 볼 수 있는 나무인데, 이곳 야산에서 싹이 트고 꽃을 피운다는 것에 놀라지 않을 수 없었다.

어둠이 밀려와 우리 일행은 완도로 돌아왔다. 저녁을 먹으러 시내로 들어서자 완도 등대가 시선을 끈다. 어두워 잘 보이진 않았지만 등대로 가는 길에는 사람들로 붐볐다. 시내 야경은 물고기를 담고 있듯 풍요롭다. 카메라를 자동모드로 하고 야경을 촬영했다. 짙은 어둠 속에 반짝이는 야경이 눈부시게 들어왔다.

완도 시내 야경

완도 난대림 수목원에서

이번 탐사의 목적은 완도의 식생과 난대 식물을 만나는 일이다. 그리고 제주도 탐사에 앞서 한반도 내륙에 걸쳐 있는 생태를 전반적으로 이해하고 인식의 폭을 넓히기 위함이다. 늘 그렇듯이 탐사가 계획한대로 이루어지기란 그리 쉽지 않다. 처음에는 완도 탐사만 하기로 하였으나 보길도에서 2일, 노화도에서 반일 그리고 완도에서 하루하고 반일 동안 탐사가 이뤄졌다. 짧은 일정 안에 보고 싶은 식물을 모두 만난다는 것은 쉬운 일이 아니다. 그러나 탐사 중에 뜻밖의 식물들을 만났고, 식물 이해의 폭도 상당히 넓어졌기에 기대 이상의 수확을 얻어 매우 의미 있었다. 이번 완도 탐사는 난대림 식생을 이해하기 위한 첫발을 내딛는 활동이다. 기간도 짧거니와 넓게 펼쳐진 난대 식물을 이해한다는 것 또한 쉽지 않았기에 하루 더 체류하면서 난대 식물의 보고인 완도수목원을 가기로 했다. 사실 자연 탐방이 아닌 일로 수목원을 들리는 경우는 거의 없었다. 하지만 완도 식물은 낯선 것이 많았고, 완도수목원은 다양한 식물 종을 보유하였기에 둘러보기로 한 것이다.

우리 일행은 아침 일찍 서둘러 출발했다. 수목원은 해안을 따라 가는 것으로 안내되고 있었지만 내륙 길로 들어섰다. 10여 분이 지나 삼거리가 나

완도수목원 앞 이나무 열매

왔고, 완도 관광 지도에 나오지 않은 완도수목원 표지판이 나타나 쉽게 길을 찾을 수 있었다.

아침 햇살이 안개와 함께 산자락에 걸쳐 있다. 먼저 수목원 안내장을 받아 들고 차분히 발길을 옮겼다. 완도수목원 안내장에는 난대림을 연평균 기온 14℃ 이상, 1월 평균 기온 0℃ 이상, 강수량은 1,300~1,500mm, 북위 35° 이남의 남해안과 제주도, 울릉도 등 우리나라에서 가장 온화하고 일교차가 적으며 비가 많이 내리는 지역에서만 볼 수 있는 독특한 상록활엽수늘푸른넓은잎나무림이라고 설명하고 있다. 또한 완도수목원에는 '붉가시나무, 구실잣밤나무' 등의 주요 수종이 우점 종으로 있으며, 유일하게 이름에 완도가 붙은 '완도호랑가시나무, 황칠나무, 후박나무, 붓순나무' 등 희귀 난대수종 750여 종이 집단적으로 자생하는 국내 최대이자 유일한 난대수목원이라고 쓰여 있다.

수목원 내 호수 전경

수목원에 들어서면 큰 연못을 다리로 연결하고 있다. 다리를 건너 처음으로 만난 나무는 녹나무, 인도산 협죽도, 겉보기에 동백나무 잎 같이 보이지만 겨울눈이 삐쭉 나왔다고 하여 이름 붙여진 비쭈기나무이다. 비쭈기나무는 겨울눈이 피침형으로 붉으며, 엽병도 마찬가지로 붉다. 이어서 차나무를 만났는데 지난겨울 유난히 추워 잎이 얼어 말라 고사한 흔적이 남아 있어 애처로웠다. 동백나무 숲을 지나자 개비자나무, 이름만 듣던 녹나무가 명찰을 달고 있다. 녹나무과의 나무는 분류가 특히 어려운데 이곳에 있는 녹나무와 생달나무도 구별이 쉽지 않다. 녹나무는 잔가지가 황록색을 띠며 윤채가 있고 털이 없는 것이 특징이다.

잠시 이곳저곳을 거닐다 온실로 들어갔다. 문을 열자 붉은 열매가 달린 나무가 문 앞에 있는데 자세히 보니 완도호랑가시나무이다. 이중문을 열고 들어서니 희귀한 나무들이 분에서 자라고 있다. 희귀종인 개붉가시나무, 비목나무, 참가시나무이다. 온실 안은 봄이라 길마가지나무가 꽃을 피웠다. 인동과의 길마가지나무는 앵두 같은 열매를 맺는데, 익은 모양이 하트처럼 귀엽고 앙증맞다. 이는 2개의 꽃씨방이 모여 붙어 수정되면서 모양을 만들기 때문이다. 가만히 보니 잎과 잔가지에 성모가 무성하다.

잔가지가 황록색인 녹나무과 녹나무
잎 뒷면의 맥 상태를 보고 동정한다.

완도호랑가시나무

길마가지나무

개붉가시나무 잎 톱니가 옅고 부드럽다.

종가시나무

온실을 나와 산림박물관 건물을 돌자 산길이 나왔다. 한참을 걸은 뒤 상수리나무 잎같이 생긴 잎이 소복이 나와 있는 남오미자를 만났다. 예전에 분재 소재로 만났던 것을 이곳에서 직접 보니 감개무량하다. 산 사면에는 많은 식물들이 혼생하고 있었다. 참지네고사리가 큰 무리를 지어 여기저기 흩어져 있다. 길로 나오자 붉가시나무가 있고, 종가시나무가 줄을 맞춰 서 있다. 수목원 역시 나무에 명패가 잘 붙어 있지 않아 궁금했던 의문들을 풀 수 없어 안타까웠다.

겨울의 끝자락인가, 계곡에 얼음이 두껍게 남아 있고, 산기슭에는 눈이 소복이 쌓여 있다. 그런데 어찌된 일인가! 푸른 나무들이 숲과 산을 이루고 있으니 쉽사리 이해되지 않는 풍경이다. 바다에서 불어오는 해풍이 높은 산 계곡에까지 따뜻한 온기를 불어넣어 주는 까닭인가 보다.

사면을 따라 눈 덮인 큰 바위에 뭔가 조밀한 것이 있다. 자세히 보니 콩짜개덩굴이 작은 단추처럼 줄지어져 붙어 있다. 회색빛 바위 위에 핀 바위

콩짜개덩굴이 바위에 구슬을 엮고 있다.

나뭇가지에 올라간 멀꿀 덩굴

잎이 두텁고 거치가 없는 붉가시나무

바위 위에 가득한 붉가시나무 열매

옷과 서로 어울려 한 폭의 그림을 보는 듯하다. 그 옆에는 마삭줄과 모람이 있고, 붉가시나무 밑에는 도토리가 가득하다.

산기슭에는 멀꿀 덩굴이 상록으로 푸르다. 중부지방엔 이와 같은 식물은 없고 비슷한 으름덩굴이 있는데, 같은 으름덩굴과로 겉보기엔 비슷해 보이지만 으름덩굴은 추운 겨울도 거뜬히 잘 지낸다. 이 두 종은 꽃과 열매도 많이 다른데, 이는 난대, 온대라는 생태적 환경에 따른 결과가 아닌가 생각된다. 옆에는 녹나무 어린 묘목이 왁스를 칠한 것처럼 윤기가 흐른다.

큰 도로를 따라 가다 보니 비탈길 사면에 처음 보는 고사리가 눈에 띈다. 포자낭의 위치를 보니 곰비늘고사리 계통이다. 하부 비늘과 엽신의 우편을 자세히 보니 완도에서 발견되었다는 참곰비늘고사리이다. <한국 양치식물도감>에 의하면 '열편의 끝이 둥글고, 엽질이 가죽질인 것을 참곰비늘고사리라 하며, 제주도에 나는 것으로 알려졌지만 곰비늘고사리의 한 생태형으로 본다.'고 설명하고 있다. 하지만 곰비늘고사리와는 엽신의 형

(좌) 위부터 참곰비늘고사리 생태, 포자낭, 하부 인편
(우) 위부터 곰비늘고사리 엽신(보길도), 하부 인편

태, 인편의 모양과 부착 위치 및 색깔 등 외형적인 모양이 전혀 다르다. 필자는 통합된 원리보다는 명명자의 깊은 의도를 존중하고 검증하고자 늘 노력한다. 여기서 보길도에서 만난 곰비늘고사리와 비교해 보자.

기본종인 비늘고사리는 상록으로서 엽질이 초질이며, 두껍고 잎맥에 깊은 골이 있으므로 눈으로 쉽게 확인된다. 중축에 인편은 거의 없고, 하부에 인편이 몰려 있다.

곰비늘고사리는 하부의 인편이 많고 넓으며, 위로 갈수록 좁아지면서 끝은 뾰족하다. 인편의 색은 검은 갈색으로 얼핏 보기에 검은 깃털처럼 보이기도 한다. 중축에 인편이 매우 밀생하는데 일반적으로 하부의 인편같이 큰 인편의 무리가 틈새 없이 꽉 들어차 있다. 인편은 중축을 따라 우편 초입에 이르기까지 분포한다. 곰비늘고사리의 특징은 비늘고사리에 비해 잎 표면에 골이 없으며, 잎의 두께가 얇고 가죽질 같지 않으며, 맥상만 비늘고사리와 같이 유리맥이다.

참곰비늘고사리는 하부의 인편은 넓고 위로 갈수록 가늘고 뾰족하다. 더욱이 엽병에서 중축으로 올라갈수록 인편은 거의 가늘고 길며 마치 가는 바늘 같은 모양으로 중축에 밀생한다. 그 인편이 우축의 초입까지 이른다. 우편의 하부는 넓고 심열이다. 우편 끝은 둥글고 열편에 거치가 있으며 포막은 없다. 특히 참곰비늘고사리는 우편과 우편의 간격이 매우 좁아 서로 맞닿아 있고, 많은 부분이 서로 겹쳐 있으며 우편엔 작은 잎자루가 있다. 또 하나의 특이한 점으로 참곰비늘고사리는 잎 뒷면에 진딧물이 많이 서식한다.

큰 바위 옆에 뭔가 눈에 띄어 다가가 보니 센달나무가 있다. 갸름한 잎에 반짝이는 잎은 자못 큰 버들잎같이 보인다. 녹나무과의 대표적인 나무이다. 우람한 구실잣밤나무와 굴거리나무를 지나자 다시 오솔길이 나타난다. 바위에 붉게 물들인 덩굴이 보여 마삭줄이 예쁘게 물이 들었나보다 하고 다가서자 뭔가 거친 느낌이 든다. 잎은 마삭줄 같지 않은데 무엇일까? 가지 끝에 붉은 열매가 있다. 가만히 보니 자금우라는 덩굴식물이다. 본래 자금우는 나무 숲 밑바닥에 사는 식물인데, 여기 자금우는 바위를 타고 올라가 마삭줄처럼 보인다. 더군다나 잎의 색도 짙은 자주색으로 물들어져 무심코 지나치다가는 오해하기 십상이다.

나무 그늘 밑에서 얼굴을 내밀고 있는 센달나무, 거치가 없다.

석림원으로 가는 길은 참 호젓하다. 좌우로 커다란 나무들이 가득하고, 집채만 한 바위가 곳곳에 있어 수석전을 보는 듯하다. 커다란 바위 위로 또 다른 덩굴식물이 있다. 이번엔 마삭줄이다. 잎이 동그랗고 짙은 자주색에

위부터 자금우 덩굴
자금우 열매
마삭줄 사이로 줄기를 내민 모람
구실잣밤나무와 열매

윤기로 반짝거린다. 많은 덩굴이 엉겨 붙어 있고 그 옆에는 모람줄기가 잎을 살짝 내밀고 있다.

전망대로 오르는 길은 가파르지만 바닥이 데크로 되어 있어 그리 어렵지 않게 오를 수 있었다. 바닥에 떨어진 도토리를 보며 이것이 무엇일까? 아주 작은 밤알 같다. 열매를 감싸는 꽃받침이 뾰족하고 셋으로 갈라져 있어 참 신기하다. 알고 보니 구실잣밤나무이다. '잣도 아니고 밤도 아닌 중간인데 제 구실을 다하기는 하는 나무일까!'라는 글귀가 사뭇 이채롭다.

구실잣밤나무 열매를 몇 개 주웠다. 조금 더 관찰해 보고 싶은 생각에 위쪽으로 올라갔다. 양 옆으로 나무들이 호위하듯 울창하게 서 있다. 잘 만든 전망대도 있다. 완도수목원이 한 눈에 들어온다. 이렇게 추운 날씨에 저렇게 파릇한 것들이 모두 상록활엽수라니 낯설고 기이하다. 지금 중부지방에서는 하얀 눈이 내리고 영하 10℃를 오르내리는 추운 날씨인데, 이곳은 한여름처럼 파란 수목들이 무리지어 있으니 말이다.

멀리 보이는 완도수목원 호수

전망대를 지나 큰 길 옆 양지바른 사면에 제주조릿대, 잎이 시들어 마른 처녀고사리, 십자고사리가 자리하고 있다. 산 중턱에서 잠시 휴식을 취하였다. 서북 방향에 습한 경사지가 보인다. 서북 방향의 경사면은 촉촉하다. 생태 환경이 조금 다름을 인지하고 숲 속으로 들어가니 백두산에서 보았던 석송 같은 것이 보이는 것이 아닌가! 놀란 가슴을 움켜쥐며 사진을 찍고, 꼼꼼히 살펴보니 석송이다. 생태적으로 습한 곳을 좋아하는 석송을 이곳에서 만난 것이다.

경사지에 늘어져 흙에 뿌리를 내리고 사는 석송

일반적으로 석송류가 나오는 곳은 다른 양치식물류가 발견되는 것이 일반적이라 주위를 꼼꼼히 다시 살펴보았다. 아니나 다를까 근처에 작은 무엇이 있다. 사진을 찍으며 관찰하니 뱀톱이 아닌가! 피곤한 탓에 그냥 내려갔더라면 이 귀한 식물을 만날 수 없었을 것이다. 이곳에 오길 정말 잘했다고 생각했다. 되돌아오는 길에 황칠나무, 삼나무, 큰 교목으로 된 감탕나무도 만났다.

황칠나무 열매

감탕나무 열매

삼나무 구과

붉가시나무, 잎 가장자리에 거치가 없이 매끈하다.

종가시나무, 잎에 거치가 있다.

수목원답게 감탕나무가 교목으로 잘 자라고 있고, 열매도 아주 탐스럽다. 아래로 조금 내려오니 붉가시나무가 있다. 붉가시나무는 여러 차례 보았지만 이곳에 있는 붉가시나무가 가장 자연스럽고 잘 생겼으며, 순 또한 목련 잎처럼 넓다.

희귀식물원에는 낯선 식물들이 즐비하다. 제일 먼저 본 것이 잎이 둥근 넓은잎다정큼나무이다. 좀꽝꽝나무, 박달목서, 모새나무, 애기고광나무, 섬오갈피나무, 금송 등도 만날 수 있었다.

모새나무

박달목서

좀꽝꽝나무

넓은잎다정큼나무

섬오갈피나무 열매

애기고광나무 열매

한라산에 상록으로 자생하는 소귀나무

마삭줄 열매

내려오는 길에 마삭줄 열매를 촬영하고 정문 앞 관리사무소로 향했다. 건물 앞에 있는 소귀나무를 촬영하고 정문을 나서려 했다. 하지만 뭔가 아쉬운 느낌이 있어 관리사무소 안의 식물 전시관에 들렀다. 홍보관에 게시된 자료를 보면서 이곳에 완도 식물 조사 보고서가 있을 것 같다는 생각이 들었다. 관리인을 찾아 문의한 결과 한 권이 남아 있다고 하여 완도 지역의 식생조사 현황을 좀 더 알 수 있었다.

짧은 시간 동안의 완도 탐사는 많은 여운이 남는다. 특히 계절적으로 겨울의 끝자락이기 때문에 다양한 생태를 탐사하는데 한계가 있었다. 그러나 겨울철이라 상록활엽수를 관찰하는데 도움이 되었다고 생각한다. 이번 탐사에서 평소 볼 수 없었던 다양한 식물들을 만날 수 있었던 것이 큰 행운이 아닐 수 없다. 기회가 된다면 다시 찾아오겠다는 마음의 약속을 하고 수목원을 나와 서울로 향했다.

봄이 찾아 온 완도

동백꽃이 눈이 부시도록 반짝인다. 유난히 추웠던 겨울, 시리도록 아픈 인내로 견뎌낸 꽃봉오리가 봄비에 송긋 꽃을 피워냈다. 한겨울에 피워낸 꽃과 5월이 되어서야 핀 꽃까지 이곳 '갯바람' 해변은 꽃들로 만발하다. 안개가 채 걷히지 않은 해변에 붉게 핀 동백이 발길을 인도한다. 거친 산길과는 달리 이곳 해변 길은 잘 정돈되어 낯선 세계의 이방인처럼 어색하다. 지난 밤, 강풍이 휘몰아쳐 밤새 창문이 흔들려 밤잠을 설쳤다. 비는 잠시 그쳤지만 곳곳에 상처를 많이 남겼다. 해변으로 가는 길 위에 화려한 봄날을

해변에 핀 동백꽃

5월의 동백

녹음은
낙엽으로 뒹굴고

밤새 천둥은
붉은 꽃 낙화로세.

단풍은 남아
아리땁게 화장해도

붉은 꽃잎
빗물에 눈물 적시네.

꽃다운 청춘
이리도 재촉했을까

꽃잎에 묻은 땀방울
송송하고

꽃술에 열린 노란 정열
아직도 강건하건만

노란 단풍잎만
꽃잎 잡고
애처로이 울고 있다네.

갯바람 해변의 발자국

갯바람 해변

바위틈에서 솟아나는 샘물

만끽하지 못한 동백꽃이 떨어져 안타까웠다. 한 떨기 꽃! 정열의 꽃인 동백이 낙엽 위에 애수의 그림을 그려놓았다.

해변은 밀려오는 파도로 거칠게 숨을 몰아쉬고, 바위는 파도에 부딪쳐 힘겨워하고 있다. 안개 같은 바람이 불어와 꽃잎에 이슬 같은 물방울을 총총히 박아 놓았다. 모래도 물을 흠뻑 먹어 긴장하고 있는 듯하다. 모래 위로 인생의 여정처럼 곡선과 직선의 발자취를 남겨 놓았다. 어떤 이가 가고 또 누가 왔을까? 모래 위를 수놓은 저 발자국은 낯설고 고독한 흔적은 아닌지…

돌아오는 길에 우연한 만남이 있었다. 깎아지른 암벽 틈에 생명이 보였다. 가만히 다가가 들여다보니 작은 물방울이 솟아나고 있다. 육지로부터 스며든 물이 바위틈에서 샘솟고 있는 것이다. 그들은 또다시 생명의 물줄기가 되어 그리운 바다를 향해 흘러가고 있었다.

세번째 이야기: 늑도편

한려해상 국립공원을 찾아서

늑도의 해변

여행은 새로운 곳에 대한 호기심일까! 낯선 곳에 대한 환상으로 여행은 시작된다. 지난 탐사 지역은 통영이었는데, 이번에는 삼천포 한려해상 다도해이다. 진주에서 30여 분 가니 한려해상 섬들이 보이기 시작한다. 커다란 대교를 지나자 옹기종기 모여 있는 작은 섬들이 푸른 바다에 수를 놓고 있다. 3월의 늦은 오후, 지친 몸을 추스르며 도착해서일까 섬들도 휴식을 취하는지 아지랑이를 피워내고 있다. 오후 5시가 되어 경남 사천시 늑도에

왕대 숲

왕대 줄기

도착했다. 작은 섬 늑도의 해안은 맑고 아름답다. 푸른 물결과 항구, 대교, 멀리 보이는 작은 섬들이 제각기 멋을 내고 있다. 늑도 항구는 작지만 어촌으로서는 제법 크고 풍요로워 보인다.

해변에는 낚시하는 사람들과 연인들이 있다. 연인들은 다정하게 등대길을 걷고 있다. 해변은 넓게 펼쳐 있고 많은 자갈과 돌들이 조밀하게 구성되어 있어 아름답다. 해변을 따라 탐사를 시작했다. 처음으로 만난 것은 왕대였다. 왕대가 큰 기둥처럼 우람하다. 피부는 매끈하고 곱다. 왕대는 중국에서 들여왔다. 이젠 남쪽 지방의 명물로서 귀중한 관광 자원이자 생활필수품의 재료나 조경 소재로 활용된다.

산 능선에 묵은 환삼덩굴과 산딸기나무의 가시가 뒤엉켜 앞으로 나갈 수가 없다. 지친 몸에 포기하고 싶었지만 이곳에 온 의미를 생각해 용기를 내어 발걸음을 힘차게 내딛었다. 섬 능선을 헤치고 해안가로 내려가니 연분홍색 현호색이 얼굴을 내밀어 반긴다. 잎을 보니 일반 현호색과 약간의 차이가 있어 다른 종인가 싶어 조사해 보았으나 현호색이다. 주변에 산자

봄볕을 받아 활짝 핀 현호색

산자고가 살짝 꽃대를 올렸다.

고기를 잡기 위해 막아 놓은 어살

고가 넓게 펼쳐져 있어 놀라웠다. 중부지방에도 산자고가 있지만 쉽게 찾아볼 수 있는 꽃이 아니기 때문이다. 예전에 강원도 고성에서 만난 후로 이곳에서 두 번째로 만났다.

이시도야제비꽃

해안 절벽에 늘어진 사철나무는 절경을 이루고 있다. 아슬아슬하게 붙어 있는 나무줄기는 짙은 녹색을 뿜어내고, 파도에 깎여버린 절개지에 깊은 생명력을 불어 넣고 있다. 해가 점점 석양으로 치달아 마음이 조급하다. 해가 지기 전에 뭔가 새로운 것을 만나야 하는데 만만치가 않다. 밭에 핑크색 꽃이 소복이 피었다. 제비꽃인데 중부 내륙에서는 쉽게 찾아볼 수 없는 꽃이다. 자세히 보니 이시도야제비꽃이다. 이름이 좀 낯선데 학명에 있는 속명Vilola ishidoyana Nakai을 그대로 가져다 쓴 이름이다.

아직 해가 많이 남아서일까, 하늘은 높고 푸르다. 바다 가운데 물고기를 잡는 커다란 거푸집이 보인다. 조류의 흐름을 이용해 물고기를 잡는 거푸집은 방사형이다. 한려수도에는 이런 물고기를 잡는 어살이 여러 곳에 설치되어 있어 이곳의 또 다른 명물이다.

해안 절벽을 지나자 큰 절개지가 보인다. 고사리가 보여 색다른 고사리가 있을까 찾아보았으나 대부분이 바위족제비고사리이다. 앙증맞은 고사리가 상록으로 절벽에 붙어 있다. 모양은 작고 귀여우며, 바닷가 절개지 위 가파른 곳에 가녀린 볏짚줄기를 하고 옓은 연두색 잎을 피웠다. 줄기가 너무 가늘고 얇아 엽신을 지탱하지 못하고 벼랑으로 몸을 늘어뜨렸다. 위쪽으로 겨우 몸을 세운 타원형 잎에 옅은 갈색 포자낭이 조알처럼 박혀 있다. 포자낭 모양을 관찰하고 나서 금족제비고사리인줄 알았다. 이와 비슷한 가는잎족제비고사리가 있는데, 가는잎족제비고사리의 포자낭은 매우 크고, 손으로 만질 때 작은 단추를 만지는 것 같이 두텁다. 잔고사리, 바위족제비고사리도 절벽 메마른 땅에 붙어 생명을 이어가고 있다.

가녀린 줄기로 살고 있는 금족제비고사리

포자낭

해안은 맑고 정결하다. 청명한 날씨 덕에 깨끗한 사진과 꽃 색을 잡아낼 수 있어 더 없이 좋았다. 해안으로 내닫는 나무줄기는 한 폭의 그림을 그리는 듯 하다.

바닷가 바위에 붙은 파래가 파도에 일렁인다. 곧 떨어질 것 같은 석양을 보며 마음이 바쁘다. 절벽 사이로 길게 늘어진 송악 열매가 제법 컸다. 모

갸름하고 약간 타원형인 송악 열매

상록의 모람 열매

람덩굴도 무성하다. 지난 번 완도에서 모람을 봤는데, 이번의 것은 크고 열매도 알알이 여물었다.

절벽사이로 돌 틈이 보인다. 희끗희끗한 고사리가 마른 잎을 하고 있는데 어둠이 짙게 드리워져 잘 알아볼 수가 없다. 카메라 렌즈를 조절하며 몇 번을 맞췄다. 그러나 광도가 너무 낮은 탓일까. 실물이 깨끗하게 잡히지 않는다. 이미 석양도 붉게 물들었다. 후에 실물을 정밀하게 조사한 결과 설설고사리였다.

절벽의 암벽 틈에 붙어 포복지를 뻗어 번식을 하는 설설고사리는 중심에 큰 한 포기, 그 옆에 몇 포기가 더 있다. 우리나라에서는 중남부에 집중적으로 분포되어 있고, 주로 습기가 있는 흙에서 자생하는 것으로 알려져 있으나 이번에 관찰된 설설고사리의 생태는 사뭇 다른 특징을 갖고 있다. 특히 하록성으로 암벽 틈에 붙어사는데 건조한 사면에서도 볼 수 있다. 인편이 더부룩하게 많으며 가늘고 길다. 또한 긴 인편 옆에 가는 실 같은 털이 밀생하고 줄지어 나는 것이 다른 종들과 다르다. 우편은 잎자루가 없이 중축에 길게 붙어 서로가 겹치며 물결처럼 연결되어 있는데, 이는 설설이'물 따위가 천천히 고루 끓는 모양'으로 가마솥에 물이 설설 끓는 것과 같이 설설고사리의 우편의 하부에 붙은 삼각형의 귀두가 물 끓는 모양으로 생긴 모양을 형상화하여 붙인 이름 같다를 닮았다고 하여 붙여진 이름이다.

포자낭군은 일 열로 배열되어 있고, 하부에서 선단부까지 빼곡히 자리한다. 포자엽 뒷면의 중축에는 미세한 인편들이 산생하고, 우편의 축에도 막질의 인편들이 무수히 많다. 포자낭의 포막은 보이지 않는다. 설설고사리는 포자낭의 포막이 없고 포자낭상의 털이 많은 것이 특징이다.

서해는 낙조로 붉게 물들었다. 섬에 기댄 태양도 이젠 고단한 하루를 쉬고 싶은가 보다.

1. 절벽 하부에 붙어사는 설설고사리, 바위틈을 따라 포복지를 내어 살고 있다.
2. 설설고사리 포자엽 뒷면
3. 설설고사리 새순

석양과 함께 어선이 항구로 향하고 있다.

창선면 바닷가를 찾아서

말똥비름, 이른 봄이라 아직 붉다.

삼천포에서 3번 국도를 따라 가다보면 아름다운 해변이 나타난다. 길옆은 해안이 인접하여 식생이 다양하다. 차를 세우고 바닷가로 향했다. 도로를 막 내려가려는데 논둑에 돌나물과 비슷한 식물이 무리지어 있다. 돌나물과의 말똥비름이다. 말똥비름은 여름철에 줄기가 한참 자라 엽 겨드랑이에서 작은 육아肉芽가 돋아나 자라는데, 이것이 돌나물과와 비슷한 종들과 구별되는 중요한 특징이다. 지난해 양평 생태 조사에서 돌 위에 붉게 물든 말똥비름을 발견했었다.

여름철 줄기가 크면서 잎짬 옆에 생긴 육아(肉芽)로 영양번식을 한다.

넓게 펼쳐진 바다

금족제비고사리

야산 언덕에 오르자 커다란 바위가 앞을 가로 막았다. 바위 위에 고사리가 있을까 하여 돌과 나무를 잡으며 있는 힘을 다해 올랐다. 그루터기에 발을 고정하고 식물을 관찰하니 잘 자란 금족제비고사리가 눈에 띈다.

그 옆으로 꼬리고사리, 바위족제비고사리 등이 붙어 있다. 아직 이른 봄이라 진달래 몽우리가 애타게 봄을 기다리고 있다. 낙엽을 하나둘씩 헤치니 커다란 고사리 한 포기가 있다. 엽신과 포막을 자세히 보니 곰비늘고사리다. 중부 내륙에서는 좀처럼 보기 힘든 고사리인데, 이곳 남쪽 해안 섬에서는 가끔 볼 수 있어 반가운 손님이다.

곰비늘고사리 잎을 드니 한쪽 구석에 가는잎족제비고사리 비슷한 꼬리족제비고사리가 있다. 잎을 살짝 들자 뒷면에 검은 인편이 붙어 있다. 그리고 중축에서 우축에 이르기까지 주머니 모양의 인편이 가득하다. 간혹 우편의 엽신에도 간간히 붙어 있다. 포자낭은 열편의 가장자리에 붙어 있고, 포막도 포자낭을 전체로 덮고 있다.

양지바른 암벽 틈 깊은 곳에 바위족제비고사리가 있다. 바위족제비고사리는 건조에 강한 것 같은데 실제로 표본을 채취하면 금방 시들어버린다. 표본을 채취하는 과정에서 뿌리 부분을 자세히 보니 바위틈 깊숙한 곳에 뿌리를 뻗고 있다. 바위틈에 수분이 스미어 있어 아주 건조한 곳에 사는 것은 아니다. 해변에서 옻이라도 오르지 않을까 걱정을 하며 잘 생긴 검양옻나무 열매를 사진에 담았다.

꼬리족제비고사리

꼬리족제비고사리 포자낭

사방오리나무

사방오리나무 수꽃

검양옻나무 열매

해안은 넓고 푸르다. 산자락으로부터 길게 늘어진 나뭇가지에 노란 꽃이 주렁주렁 달려 있다. 노란 수꽃이다. 그 옆에는 붉은 암꽃도 피었다. 따스한 햇볕을 받으면 곧 수정이 되고 솔방울이 될 태세다. 푸른 바다를 배경으로 구도를 잡자 한 폭의 그림같이 아름답다.

큰 길로 나오려는데 대나무 숲이 무리지어 있다. 솜대분죽라 하는데 바다와 어울려 기백이 넘친다. 길옆 도랑에 평소 보지 못했던 고사리가 여기저기 보인다. 우편의 열편이 제각각 떨어져 있고, 잎은 왁스를 바른 것처럼 윤기가 돈다. 잎을 보니 하부에 생긴 영양엽과 포자엽의 구조가 많이 다르다. 족제비꼬리처럼 생긴 영양엽은 힘이 넘친다. 고속으로 달리는 차량을 피해 한적한 곳에서 포자낭 구조를 살펴보았다. 엷은잎지네고사리이다. 소우편에 단정히 배열된 포자낭은 작고 일 열로 배열되어 있다. 하부의 인편은 가늘고 긴 인편들이 무리로 두텁게 붙어 엽병 전체를 뒤덮고 있다. 운좋게 귀한 놈을 만났다.

하부는 영양엽, 상부는 포자엽인 엷은잎지네고사리.
오른쪽은 포자낭 중축, 우축에 인편이 적고 잎 뒷면이 대체로 매끈하다.

비록 작은 섬이지만 바다를 앞에 두고, 온화한 기후로 다양한 식물이 자생한다. 그냥 스쳐 지나갔더라면 이곳에서 볼 수 있는 많은 종들을 만나지 못했을 것이다. 바쁜 마음에 다시 차를 몰아 출발했다. 해안 절경이 아름답다. 우리는 바닷가에 차를 세우고 커피를 마시며 다음 탐사를 계획했다.

능선에 오르니 분홍색 사스레피나무가 반긴다. 지난번 통영과 보길도에

사스레피나무 분홍색 꽃

사스레피나무 흰색 꽃

바닥에 쌓인 굴 껍데기

섬을 지탱하는 바위

서는 작은 꽃봉오리였는데 여기서는 꽃망울을 터트린 것이다. 흰색 사스레피나무도 꽃을 피웠다. 모두 진귀한 것이기에 신기해하며 주변을 유심히 살펴보았다. 야생 차나무가 있어 또 한 번 놀랐다. 야생 차나무는 쉽게 만날 수 없기 때문이다.

남해 섬에 봄이 가득하다. 동백나무 꽃봉오리엔 붉은 꽃이 피었고, 노란 생강나무 꽃도 만개하였다. 해변을 걸으며 봄 향기에 빠져본다. 지난해에 핀 삽주가 붉은 새싹을 내밀고, 암벽 틈으로 기린초가 봄 햇살을 맞이하고 있다. 따뜻한 햇볕 때문일까 생명으로 가득하다. 그런데 어찌된 일인지 마삭줄은 붉은 잎을 그대로 간직하고 있다. 이렇게 포근한 봄이면 푸른색으로 변할 텐데 그 이유가 궁금하다. 앞으로 이에 대한 연구의 필요성을 느낀다. 해안 절벽에 늘어진 마삭줄의 모습은 마치 한 편의 예술 작품 같다.

해변을 하얀 굴 껍데기가 덮고 있다. 넓게 펼쳐진 해안 바위 곳곳에 굴들이 풍요롭다. 푸른 생명이 살아 있는 해변은 섬과 어울려 아름다운 절경을 그리고 있다.

세월의 덧없음인가! 해안 절벽은 파도로 깊은 상처를 남겼다. 떨어져 나간 절벽에 마삭줄이 내려와 아픔을 생명으로 승화하고 있다.

언제 오려나
그대, 하얀 조개껍데기
따듯하고 물 맑은 곳에 살다 지쳐
이곳으로 밀려온 그대.
어느새 오셨는가 나의 벗 친구여.

그대여, 내 꼴 좀 보소
늘어진 마삭줄에 희망을 잡고
가녀린 죽음일지라도
희망이…
붉게 끓어올라
마삭줄 잎처럼 얼굴 붉히며
날 이곳에 서 있게 한다오.
친구여.

봄의 만찬에 향기가 피어난다. 깎아지른 절벽에도 봄이 왔다.

해안 절벽에 늘어진 마삭줄과
붉게 물든 마삭줄 잎

건조한 곳을 지나 약간 으슥하고 습기가 있는 곳 절벽 바위틈에 뭔가 나풀거린다. 절벽 중턱에 자리 잡은 풀고사리이다. 좀 더 좋은 사진을 촬영하기 위해 작은 가지를 잡고 올라가니 발풀고사리가 군데군데 소복이 있다. 해안 절벽에 발풀고사리가 있다는 것이 신기할 따름이다. 지난번 해안가 야산에서 발풀고사리 군락을 만났는데 이번에도 만나 반갑기도 하고 친숙하다. 옆에 시든 고사리가 있다. 자세히 보니 고비가 마른 잎을 하고 겨울을 지낸 것이다. 땅이 아닌 절벽에 뿌리를 내린 모습이 앙증맞다. 옆에 잔고사리가 있다. 잔고사리는 하록성으로 분류한다. 이는 영양엽은 가을에 나와 겨울을 내고, 포자엽은 봄에 나오기 때문이다. 그러나 이렇게 추운 겨울에도 잔고사리가 파랗게 잎을 열고 있는데 왜 하록성이라 하는지 의아하다.

발풀고사리 어린 개체

하록성 고비의 월동 모습
그 옆에 푸른 잔고사리가 있다.

한참 고사리에 집중하며 사진을 찍고 있는데 일행이 소리친다. "선생님, 발밑에 뭔가 모를 고사리가 있네요." 한다. 깜짝 놀라 잎을 보니 이 곳에서 처음 보는 식물이다. 사진을 찍고 동정하니 드문고사리다. 푸른 잎 하나만 있고, 다른 잎들은 모두 말라 있다.

하록성인 드문고사리 생태

갈색을 띤 해초(꼬시래기)

암벽 해안으로 이어져 많은 굴들과 해초가 서식한다.

바닷물을 머금고 자란 해송

절벽 틈에 뿌리를 내린 사철나무

지충이

이곳 바닷가는 여느 곳보다 맑은가 보다. 바다 식물인 지충이가 곳곳에 붙어 있고, 해초와 굴, 소라, 조개들이 많이 있다. 해변 끝에는 파도에 잘리어 또 하나의 작은 섬이 만들어졌다.

가파른 절벽에 털굴피나무 가지가 내려 춤추고, 사철나무가 분재처럼 멋스럽다. 깎아지른 절벽 사이로 작은 식물들이 엉겨 붙어 있다. 자세히 보니 콩짜개덩굴이 무리지어 있다. 하얀 굴 껍데기가 속을 하얗게 내보이며 활짝 웃고 있다. 굴을 열자 속살이 오동통이 여물어 입안이 향기롭다. 해녀들이 바다 속을 들락날락한다. 해산물이 풍부한가 보다.

아침 햇살에 방끗 웃는 애기동백

해송이 있는 섬에 굴거리나무가 잎을 반짝이며 줄지어 서 있고 애기동백꽃이 수줍은 소녀처럼 미소로 인사를 한다.

오전 11시, 햇살이 아직 눈부시다. 우리 일행은 섬 주변을 더 돌아보기로 했다. 암벽으로 이루어진 산에 넉줄고사리에서 떨어진 낙엽이 소복이 쌓여 있다. 바위 위에 넉줄고사리가 누더기처럼 쫙 붙어 있다. 넉줄고사리는 세계에 4속이 있는데, 우리나라에는 1속 1종만이 알려져 있다.

1. 바위에 착생하며 살아가는 넉줄고사리, 새순이 돋지 않았다. 긴 잠을 자고 있다. 2. 넉줄고사리 포막(컵모양) 3. 상록넉줄고사리 포막(대접모양)

넉줄고사리는 근경이 옆으로 뻗으며 소복하게 인편털이 많이 나 있다. 나무나 바위 위에 자생하는 넉줄고사리는 이런 특징들로 인해 다른 종과 구별된다. 그런데 요즘 양치식물 애호가들이 늘어나면서 상록넉줄고사리 Humata가 시중에 판매되고 일반 가정에서도 쉽게 재배되고 있다. 잎이 하록성인 것은 국내 종이고, 상록성인 것은 외국에서 들여온 외래종이다. 넉줄고사리는 보통 포막이 컵모양을 하고 있는데 반해 상록넉줄고사리는 잎 모양과 포막이 넓고 대접모양을 하고 있다.

또 다른 고사리가 눈에 띈다. 이번에는 봉의꼬리다. 바위틈에 뿌리를 내리고 사는데 대부분 큰 무리지어 사는 특성이 있다. 포자엽은 따로 나와 가는 잎이 춤을 추듯 너풀거리고, 잎 가장자리에 포막과 그 속에 포자낭이 두껍게 층을 이뤄 줄지어 만들어져 있다. 자세히 보면 포막이 포자낭을 감싸는 모양이다.

1. 봉의꼬리 자생 생태
2. 봉의꼬리 포자엽
3. 봉의꼬리 포자낭과 위포막

제주지네고사리, 반들지네고사리의 생태

제주지네고사리 포자낭

반들지네고사리 포자낭

옆은잎지네고사리 포자낭

습기가 많은 계곡에 이르렀다. 아주 좁은 곳이라 나무가 우거지지 않았어도 공중 습도가 높아 주변에 고사리가 많다. 제주지네고사리, 반들지네고사리가 서로 의지하며 자라고 있다. 난대지역이라 엽신의 크기도 70~80cm 정도로 크고 화려하다. 이 두 종은 그림에서와 같이 소우편이 깊게 갈라짐과 얕게 갈라짐의 차이에 따라 다르며 모양 또한 다르다.

보다 깊은 이해를 위해 같은 3종의 소우편 중심으로 분류하여 보자. 첫 번째, 옆은잎지네고사리는 햇볕이 있는 곳에서 자라며 잎이 반짝이고, 전체적으로 작은 인편들이 거의 없거나 중축에 얇은 막질 인편이 있어 육안으로도 셋 중에 가장 깨끗해 보인다. 둘째, 제주지네고사리는 그늘에서 자라며 작은 검정색 인편들이 많이 붙어 있으며, 반들지네고사리에 비하여

옆은잎지네고사리 : 엽병과 중축에는 인편이 그다지 밀생하지 않는다.
제주지네고사리 : 소우편은 약간 거리를 두고 우축에 붙고, 포자낭군은 가장자리에 붙는다.
반들지네고사리 : 소우편은 우축에 촘촘히 붙고, 포자낭군은 중축 가까이에 붙는다.

한국양치식물연구회, 『한국양치식물도감』, p.187

소우편이 독립적으로 서로 떨어져 있다. 셋째, 반들지네고사리는 검정색의 작은 인편들이 무수히 많고, 소우편이 거의 붙어 있을 정도로 가깝게 있다.

산길 옆에 경사지가 노출되어 메마르다. 이번에는 겨울에 말라버린 고사리 잎을 발견했다. 사진을 찍고 동정을 하니 드문고사리 2종이다. 하나는 짙은 갈색, 또 하나는 옅은 회갈색을 띠었다. 2종을 표본삼아 싹을 틔우니 나선형의 새싹이 고개를 쫑긋이 내밀었다. 새싹이 돋는 새순에 인편이 다르기 때문에 좀 더 크면 포자낭이 달려 정확하게 동정할 수 있을 것이다.

산비탈에서 개체수가 많은 고란초 군락을 만났다. 그동안은 고란초가 암벽에서만 자생하는 것으로 알고 있었다. 그러나 메마른 절벽에 자생하고, 포자낭을 온전히 달고 있어 놀라웠다.

중부 내륙에서만 보던 것을 남부 해안에서 만나 이곳의 생태적 특성을 이해하는 데 도움이 되었다. 또 다른 고란초 무리가 바위틈에 있다. 그리고

암벽에 붙어사는 고란초

암벽 위 메마른 흙에서 뿌리를 내리고 자생하는 고란초

나무가 우거진 바위 밑 습기가 다소 많은 곳에 산족제비고사리 어린 개체가 이끼 등과 함께 자라고 있다. 그 옆으로 큰 잎을 가지고 있는 산족제비고사리 무리가 힘차게 솟아 있다. 생태조사를 거의 마치고 돌아오는 길에 길가에 피어 있는 산자고를 만났다. 산자고 꽃이 활짝 피었다. 수술의 화약까지 터져 노란 가루를 날리고 있다.

남해 창선면 해안은 다양한 식물의 생태를 간직하고 있다. 바다로부터 따뜻한 바람이 불어오고, 토양이 비옥하여 이곳을 찾는 많은 씨앗들이 꽃을 피워 생명을 이어가고 있다.

길가에 햇볕을 받아 피어난 산자고

네번째 이야기: 울릉도편

생명과 아름다움이 있는 울릉도

도동항 해안 길

추석 연휴 다음 날 울릉도에 가기 위해 묵호항여객선터미널로 향했다. 오전 10시에 울릉도로 출발하는 배가 있다. 민족 최대 명절인데도 배를 타는 사람이 많지 않아 어렵지 않게 표를 구할 수 있었다. 1박을 해야 하므로 돌아오는 배를 예약하고 아침 식사를 했다.

배는 생각보다 넓고 컸다. 배에 승선한 관광객들은 전망 좋은 창가에 앉아 풍광을 감상하고 있다. 배가 빠르게 내달는다. 세상은 온통 바다와 하늘뿐이다. 쾌청한 날씨에도 불구하고 바다 여울이 제법 일었다. 1시간쯤 지나자 어지러움과 멀미가 시작됐다. 울릉도에 거의 도착할 때까지 어지럼증은 가시지 않았다. 배를 탄지 2시간 40여 분, 울릉도가 눈앞에 나타났다. 가슴이 뛰었다.

강원도 묵호항여객터미널

구름 사이로 보이는 울릉도

과연 어떤 모습을 하고 있을까? 배가 항구에 접안을 하였다. 도동항 양옆이 높은 산과 절벽으로 되어 있어 엄숙함이 느껴진다. 많은 사람들이 배에서 쏟아졌다. 그리고 어디론가 바삐 움직여 사라졌다. 우리 일행도 서둘러 숙소로 향했다.

점심을 먹고 행선지로 출발하기 위해 식당으로 들어갔다. 식당 안은 좁았으나 음식은 깔끔했다. 따개비밥이 꽤나 먹음직스럽다. 울릉도에서 가장 유명한 명이나물과 해산물도 가지런하다.

식사를 마치고 지도를 보며 해안을 따라 걸었다. 짧은 일정 안에 많은 것을 보아야 한다는 생각에 조바심이 났다. 울릉장구채가 처음으로 우리를 반긴다.

울릉장구채는 울릉도에서만 나는 특산식물이다. 석죽과에 속하는 이 식물은 수술과 암술이 유난히 밖으로 튀어 나와 육안으로 식별이 잘 된다. 이와 비슷한 종으로 백두산에서 자라는 층층장구채가 있으나 외형적으로 많이 다르다. 울릉장구채는 엽육이 두껍고, 겨울에도 상록인 다년초다.

1. 울릉도에 접안한 묵호 오션플라워호. 이곳에서 독도로 가는 배가 출항한다.
2. 홍합밥·따개비밥전문인 99식당
3. 반찬과 따개비밥
4. 흰 꽃을 피운 울릉장구채

절벽 아래로 깊게 파인 협곡

해변 따라 산책로가 연결된다.

산형과 섬바디

바위틈과 협곡 사이로
보행자 산책로가 이어진다.

섬바디 열매

만나는 모든 것들이 새롭고 신기하다. 파도에 침식되어 깊이 파인 협곡이 보인다. 여행객을 배려하기 위함인지 해변을 따라 다리가 놓여 있다. 아름다운 해안을 따라 식물을 관찰하였다. 뭔가 새로운 식물이 없을까? 발길을 점점 빠르게 움직였다. 푯말이 섬댕강나무 군락이 있는 곳을 가리킨다. 우리는 해안에서 내륙으로 들어갔다.

울릉도 특산인 섬바디는 울릉도 전역에서 볼 수 있다. 특히 울릉도에서만 난다고 하여 섬바디로 불린다. 뿌리는 돼지의 사료로 사용하고 있으므로 돼지풀이라고도 한다이영노. 5월에 보길도에서 우연히 이 식물을 만나 표본을 채취해 기르고 있다. 얼마 전 흰 꽃을 피워 놀라움을 금치 못했다. 섬바디의 생태적 분포를 '울릉도 특산'에서 '남해 및 도서 일대'로 고쳐야 할 것으로 생각된다.

울릉도의 특산식물인 섬시호와 섬현삼도 만났다. 전에 섬시호 모종을 어렵게 구해 키웠는데 관리 소홀로 그만 죽어버려 속상한 적이 있었다. 지금은 섬시호의 개체수가 점점 줄어 특정지역을 만들어 보호하고 있다. 섬시호는 하부 잎이 크다. 꼭 옥잠화같이 큰 잎에서 꽃대가 하나 나와 잎을 달고 끝에서 노란 꽃을 피운다. 오늘 본 섬시호는 꽃이 피고 졌을 뿐만 아니라 이미 씨까지 떨어졌다. 섬현삼 역시 시기가 늦어 꽃이 삭고 씨만 남았다. 아무쪼록 생태 복원을 위한 연구와 관리가 지속적으로 이루어졌으면 한다.

섬시호, 섬현삼 생태 복원 장소

섬시호 생태, 검붉은 색이 꽃대이다.

붉은 꽃이 핀 뽕나무과 꾸지나무

산을 조금 더 오르자 꾸지나무가 보인다. 나무 밑에서 올려다보니 붉은 꽃이 꼭 별사탕같다. 줄기와 잎에 솜털이 복스러운 꾸지나무는 우리나라 전역에서 볼 수 있는데 유난히 울릉도에서 많이 볼 수 있다. 열매는 약용을 한다. 후박나무는 남해 지역으로 가야 볼 수 있는데, 온화하고 비가 많이 내리는 울릉도에도 후박나무를 볼 수 있다. 바위 밑으로 쇠고비, 쇠무릎이 있고, 길가에 털도깨비바늘이 무리지어 있다. 바위틈에 말오줌나무가 회색빛 굵은 수피를 키워내며 코르크 근육을 만들고 있다.

말오줌나무 수피

말오줌나무 잎

로제트(rosette) 어린 새순이 장미꽃 모양으로 땅바닥에 달라붙어 자라는 모습을 일컫는 말. 이른 봄에 씨앗이 싹이 터서 어린 새순으로 1년을 지낸다. 겨울 동안에 꽃눈이 분화되고, 다음 해 봄에 꽃대가 자라 꽃이 핀다. 로제트 상태로 겨울을 나는 식물로는 냉이, 꽃다지, 지칭개, 개망초, 민들레, 달맞이꽃 등이 있다.

오르는 계단에 노란 꽃이 핀 털도깨비바늘

기암절벽을 깎아 만든 계단은 호젓한 오솔길 같다. 매끄럽지 않은 바위 위에 뭔가 뿌리를 내리고 있는 식물이 있다. 섬초롱꽃이다. 아직 어린 탓에 꽃이 없이 로제트 상태로 있다. 꽃이 핀 섬초롱꽃을 보았다면 얼마나 좋았을까! 오른쪽 길가에 쇠무릎이 있고, 큰 암벽 사이로 노란 꽃이 소복이 피었다. 꿀벌이 날아와 예쁜 사진을 한 장 찍었다. 오른쪽 절벽을 타고 오르는 식물을 보았는데 꼭 환삼덩굴 같다. 좀 거칠고 두껍게 느껴졌다. 나중에 알고 보니 박과 식물인 돌외였다. 지난여름 양평 강에서 뚜껑덩굴을, 용문산에서 산외를 만나 박과 덩굴식물을 모두 본 셈이다.

남쪽으로 뿌리가 나출된 동백나무 군락

잎이 가는 소엽맥문동

맥문동

우산고로쇠 채종을 위해 묶어 논 양파주머니

우산고로쇠

울릉도의 생태는 정말 특이하다. 위도 상으로는 중부에 속하는데, 지난번 보길도에서 만난 식물을 이곳에서도 볼 수 있다는 것이 의아하다. 후박나무와 동백나무가 해안에서 그다지 멀지 않는 곳에 왕성히 생육하고 있다. 조금 더 오르자 이번에는 아주 작은 식물이 눈에 띄었다. 자세히 보니 소엽맥문동이다. 어려서인지 꽃과 열매가 없다. 그 옆에 맥문동이 있다. 맥문동은 우리나라 남부지역에 많이 자생하고, 소엽맥문동은 울릉도를 비롯해 제주도와 변산반도에 분포하고 있다.

느티나무 옆을 지나자 단풍나무와 비슷한 나무가 눈에 띈다. 무슨 나무일까? 곰곰이 생각해봐도 이름이 쉽게 떠오르지 않는다. 나중에 알고 보니 울릉도에만 나는 섬고로쇠이다. 우산고로쇠라고도 하며 울릉도 특산식물이다. 우산은 울릉도의 옛 이름 우산국에서 나온 말이다.

왕작살나무

섬자리공

섬기린초

돌 틈 사이로 뿌리를 내리고 사는 섬꼬리풀

왕작살나무가 눈에 들어왔다. 가을이라 꽃을 볼 수는 없었지만 열매가 알알이 맺혀 있다. 왕작살나무 잎은 좀 더 크고 거치가 깊다.

푸조나무에 열매가 맺혔다. 모시풀과 비늘고사리도 있다. 평소 양치식물에 대한 관심이 많아 이에 대한 연구를 지속적으로 하고 있어 양치식물을 더 유심히 보게 되고 관찰하게 된다.

털머위와 섬바디 사이로 섬자리공이 고개를 내밀고 있다. 잎의 구조나 잎맥 생김새가 섬자리공임에 틀림이 없다. 섬기린초가 암벽 틈에 뿌리를 내리고 있다. 일반 기린초와는 달리 잎이 타원형이고 결각이 6~7쌍으로 끝이 둥글다. '섬'이 붙은 이름은 대부분 섬에서만 나는 희귀한 식물종이다.

일행이 소리쳐 부른다. "여기 못 보던 식물이 있어요." 처음 보는 식물이라 낯설기 그지없다. 꽃이 없어 열매를 세심히 살펴보니 울릉도에만 나는 희귀종인 특산 섬꼬리풀이다.

후박나무 생태

산 능선 햇빛이 잘 드는 곳에 자리한 민머귀나무

울릉도는 해발 600m까지는 난대림에 속한다. 600m를 경계로 그 이하의 저지대에는 후박나무, 동백나무, 참식나무, 감탕나무 등 상록 활엽수가 자라고, 그 이상에는 온대 낙엽 활엽수가 자란다.

도동1리 정상에 이르니 댕댕이덩굴과 담배풀, 섬고사리, 꼬리고사리 등이 있다. 푸조나무 줄기에 열매가 가득하다. 머귀나무와 비슷한 것이 있어 자세히 보니 가시가 없는 민머귀나무이다.

층층나무과에 속하는 곰의말채

중부 내륙에서는 좀처럼 볼 수 없었던 곰의말채가 있다. 주로 중부 이남에 자생하는 곰의말채의 열매는 검다. 정상 능선으로 가는 길에서 대나무를 보았다. 이 역시 처음 보는 것이라 당황하였다. 차분히 줄기와 잎을 보니 이대와는 다르게 맥

위로 작은 털이 있다. 섬조릿대이다. 섬조릿대 군락을 지나 길옆으로 작은 나무가 있어 관찰하니 지난 번 완도 수목원에서 본 머귀나무 치수穉樹이다. 어린 나무인데도 줄기에 뿔 같은 큰 가시가 얼기설기 나 있다. 파리풀은 꽃이 지고, 열매를 맺었다.

햇빛이 잘 드는 곳에 산개고사리가 있다. 포자낭군이 잘 발달되어 있지 않아 많은 시간 동안 동정이 이루어졌다. 산개고사리는 포자낭이 길고 갈고리모양을 하고 있는 것이 특징이다. 울릉도에서 간간이 나타나는 종인데 일반적으로 흔하지 않다. 저동 방향으로 내려오자 섬고사리가 보인다. 섬고사리 줄기는 녹색이고, 줄기 하부의 인편은 검은색이다. 깨끗하고 돌기가 없다. 특이한 점은 포자낭군이 일직선으로 갈고리 모양을 하고 있으며, 포막은 가장자리가 너슬너슬하게 갈라져 잎 면에 바싹 붙어 있다. 일반적으로 포자낭군은 짧은 편이다. 한국에서만 나는 특산식물이다.

산개고사리와 포자낭

섬고사리와 포자낭

언덕에 뿌리를 내리고 있는 나도히초미

나도히초미 포자낭

돌 틈에 있는 진퍼리고사리

해안 절벽을 지키고 있는 곰솔

땅두릅이 소복이 꽃을 피웠다. 땅두릅 꽃은 검은색 열매를 맺는데 예쁘기가 그지없다. 이른 봄철 붉은색 새순이 돋는다. 땅의 기운과 두릅의 향이 어우러져 맛이 일품인 땅두릅은 울릉도 곳곳에서 많이 난다.

거대한 후박나무 숲을 지나자 햇살을 맞으며 언덕에 얼굴을 내밀고 있는 나도히초미 군락이 보였다. 나도히초미는 중부 내륙에는 없고, 울릉도, 남부, 제주도에 있다. 햇빛에 반짝이는 잎은 광택이 유난히 밝다. 중축에 실 같은 가는 인편이 무성하다.

길옆은 햇빛이 제법 들어서일까? 해변노박덩굴, 도깨비쇠고비, 삼나무 등이 있고, 진퍼리고사리가 고개를 내밀고 있다. 진퍼리고사리 포자낭을 볼 수 없어서 아쉬움이 컸다.

양지바른 곳에 억새들이 뽀얗게 꽃을 피웠다. 언덕 숲 사이로 보이는 고사리의 키가 제법 크다. 이른 봄 고사리의 새순은 농촌의 중요한 소득원이다. 최근에는 고사리를 밭에서 재배한다. 녹색 잎에 갈색 털을 뒤집어쓰고 있는 참식나무가 보인다. 이곳은 서울과 같은 위도 상에 있지만 남부 해안처럼 따뜻한 기후대에 있어 상록활엽수가 많다.

드넓게 펼쳐진 바다가 참으로 아름답다. 이곳에서 멀지 않은 곳에 부속도서인 독도가

있다. 울릉도에서 동남쪽으로 87.4km 떨어져 있는 독도는 저 멀리 보이는 촛대암 안쪽에 있는 저동항에서와 도동항에서 갈 수 있다.

신생대 제3기 말에 백두산과 제주도, 울릉도는 불안정한 지각 변동으로 마그마 활동이 심하여 대규모 화산폭발이 있었다. 종 모양 화산으로 만들어진 울릉도는 물이 풍부한 섬으로 잘 알려져 있다. 화산이 폭발할 때 암질의 차이가 물의 흡수 배출을 다르게 한다고 한다. 제주도는 용암류가 90% 이상으로 균열과 절리가 심한 현무암으로 구성되어 있어 빗물이 대부분 쉽게 빠져 내려간다. 반면에 울릉도는 용암류가 별로 없고 공극률이 큰 조면암질 안산암으로 되어 있어 물을 함유하는 능력이 뛰어나다. 스펀지처럼 물을 머금고 있다가 풍부한 물을 쏟아내는 것이다. 특히 왼쪽 사진의 화산 쇄설물은 공급량이 커서 물에서 뜬다고 하여 부석浮石이라고 한다.

해변으로 내려가는 길에서 또다시 섬자리공을 만났다. 후박나무와 참식나무도 만났다. 참식나무 잎은 오돌토돌한 벌레집이 무수히 났다. 곧 꽃을 피우려는지 꽃망울이 가득하다. 꽃은 2가화로서 10~11월에 피며, 다음해 10월경에 적색으로 익고, 소화경은 매우 짧다.

녹나무과의 참식나무

주목나무

단풍이 든 섬벚나무

돌외

많은 사람들이 해안 절벽 위에서 아름다운 동해 바다를 감상하며 즐겁게 담소를 나누고 있다. 산 정상 절벽에 마가목이 붉은 열매를 그 옆으로 감탕나무가 파란 열매를 달고 있다. 주목나무는 푸른빛을 더해 자신의 존재를 알리고 있다. 되돌아오는 길에 왕작살나무 옆에서 섬벚나무를 만났다. 열매는 보이지 않았지만 원형에 가까운 잎에 단풍이 살포시 들었다.

섬조릿대 사이로 하얗게 피어난 섬바디꽃의 열매가 가을을 재촉하듯 누렇게 익고 있다. 그 옆 덤불 사이로 다섯 잎을 별처럼 펼쳐낸 돌외가 자태를 뽐내고 있다. 여러 번에 걸쳐 돌외를 촬영했는데 이번에 찍은 꽃이 생태와 가장 잘 어울린다. 표지판에 저동 방향 촛대암 쪽으로 1,300m라 쓰여 있다. 조그만 언덕 길 왼쪽 사면에 이삭여뀌가 만개하였다. 내륙에서 본 이삭여뀌의 잎보다 훨씬 넓고 크다. 생육 기간이 길고 광량까지 풍부하여 식물 잎이 대체로 크고 윤기가 난다.

저동항으로 가는 길

저동항 촛대암으로 가는 길은 험난하다. 깎아지른 절벽에 원기둥 철재 계단을 설치했는데 사진으로만 보아도 아찔하다. 기암절벽에 설치된 구조물은 단단히 고정되어 안전에는 문제없지만 대단히 높기 때문에 현기증이 날 지경이다. 해안 외곽으로 포물선을 그리며 낸 보행자 도로는 멋스럽기 짝이 없다. 가파른 절벽에 아름다운 해안의 풍경을 그대로 간직하며 만든 다리는 자연 풍광을 그대로 접할 수 있어 다른 어느 곳에서는 볼 수 없는 비경 중에 비경이다.

절벽에 위치한 나선형 계단

물결이 치듯 이어진 해안도로

저동항 앞으로 펼쳐진 동해

철재 계단을 내려오면서 다양한 식물들을 만날 수 있었다. 땅채송화, 갯기름나물, 후박나무가 절벽에 기이하게 있고, 도깨비쇠고비와 털머위가 뒤엉켜 있으며, 가는그늘사초가 수염처럼 자라고 있다.

깎아지른 절벽은 상상을 초월한다. 높이도 높이려니와 수직 각도가 가팔라서 쳐다 보는 것 자체로도 현기증이 난다. 절벽 사이 움푹 패인 부분에는 녹색의 향연이 펼쳐진다. 용기를 내어 간신히 절벽에 올라 아래를 내려다보니 아찔하다. 더군다나 부서진 바위조각이 미끄러져서 더더욱 위험하다. 왕해국, 털머위, 도깨비쇠고비, 갯개미자리, 섬기린초 등이 이끼 위에 빽빽이 들어서 있다. 왕해국은 일반 해국에 비해 잎 전체가 대형이다. 울릉도와 강원도 해안지역에서 자생한다.

절벽에 있는 가는그늘사초

절벽 위에 있는 다양한 식물들

절벽에 올라 두메부추(돌정구지)를 만나다.

위험을 무릅쓰고 두메부추를 만나기 위해 절벽 위로 올라갔다. 동해 앞바다 경치가 정말 아름답다. 두메부추는 사람들에게 인기가 많다. 어떤 연유인지 블로그에 실려 있는 글을 인용해 보자.

왜 부추가 정구지라 불리는가?

"정구지"란 "부추"의 경상도 사투리이다. 예로부터 부추를 일컫는 말로 부부간의 정을 오래도록 유지시켜준다고 하여 "정구지(精久持)"라 하며, 신장을 따뜻하게 하고 생식기능을 좋게 한다고 하여 "온신고정(溫腎固精)"이라 하며, 남자의 양기를 세운다하여 "기양초(起陽草)"라고 하며, 과부집 담을 넘을 정도로 힘이 생긴다 하여 "월담초(越譚草)"라 하였고, 운우지정을 나누면 초가삼간이 무너진다고 하여 "파옥초(破屋草)"라 하며, 장복하면 오줌줄기가 벽을 뚫는다 하여 "파벽초(破壁草)"라고 하였다. "봄 부추는 인삼, 녹용과도 바꾸지 않는다"는 말과 "부추 씻은 첫물은 아들은 안 주고 사위에게 준다"는 말은 아들에게 주면 좋아할 사람이 며느리이니 차라리 사위에게 먹여 딸이 좋도록 하겠다는 의미이다. 또한 "봄 부추 한단은 피 한 방울보다 낫다." "부부사이가 좋으면 집 허물고 부추 심는다."는 옛말이 있다. 추운 겨울동안 영양분을 가득 머금은 봄 부추는 맛이 풍부하고 건강에 좋아 약으로 먹기도 한다. 부추는 체력이 떨어져 밤에 잘 때 식은땀을 많이 흘리며 손발이 차가워지는 사람, 배탈이 자주 나는 사람에게도 좋다. 어떤 환경에서도 힘차게 자라는 생명력과 고른 영양소를 함유한 부추, 남편이 아내에게 아내가 남편에게 서로 챙겨주는 부부 사랑을 더욱 '부추'겨 보자.

음악의 리듬처럼 포물선을 그리며 해안도로가 연결된다.

도동항보다 더 넓고 큰 저동항 울릉도 동쪽에 있다.

아름다운 곡선으로 된 다리를 지나면 저동항이 있다. 지형적으로 협소한 도동항에 비해 저동항은 넓고 안정되어 보인다. 구름이 산자락에 걸쳐

왕해국 옆에 자리한 섬패랭이꽃

있다. 저동항 앞에 우뚝 솟은 촛대암은 거친 파도로 침식이 많아 위태로워 보인다. 한 어귀에 촛대암 섬패랭이꽃이 있다. 울릉도에서만 나는 울릉도 특산 식물이다. 꽃은 술패랭이꽃을 닮았으나 꽃잎이 술패랭이꽃에 비해 덜 갈라졌다. 그러면 술패랭이꽃과 섬패랭이꽃 둘 중에 누가 더 진화된 것일까? 울릉도는 태평양 가운데 있는 미국 하와이같이 한 번도 육지와 연결된 적이 없는 대륙 섬이다. 그러므로 울릉도에 있는 식물은 진화의 정도가 육지의 근연종으로부터 단 한 종류의 고유종만이 분화를 거듭하기 때문에 유전적 변이가 거의 이루어지지 않는다. 때문에 섬패랭이꽃이 원시종이다. 술패랭

이꽃은 진화를 거듭하여 꽃잎이 더 깊게 갈라져 가늘고 길게 된 것으로 생각할 수 있다.

오후 5시가 되었다. 아침 일찍부터 움직여서인지 몹시 피곤했다. 저동항에서 버스를 타고 도동항으로 갔다. 도동항에 도착하니 석양의 노을이 바닷물을 붉게 물들이고 있다.

오후 5시 44분, 여객터미널 도동항 시내 전경이 한 폭의 그림 같다. 노출을 최대한 확대하여 사진을 찍어 어둠이 가신 듯 했지만 실은 짙은 어둠이 내려와 온통 암흑 같은 분위기다.

서둘러 돌아왔다. 항구는 아직도 활발히 움직인다. 작은 어장은 갓 잡은 오징어 그리고 여러 가지 횟감을 만들어 관광객에게 팔고 있다. 필자도 방어 사백이대략 4~9kg 정도의 크기 한 마리를 샀다. 그리고 내일은 어떻게 할까? 또 어떤 코스로 탐방할까? 밤하늘에 별처럼 꽃그림을 그려보았다.

도동항 시내 전경

울릉 나리분지 가는 길

다음날 아침 9시에 소형버스에 올랐다. 울릉도는 도로와 터널 모두 좁기 때문에 관광버스는 모두 소형이다. 버스가 해변으로 내닫자 산기슭에 산나물이 보인다. 알고 보니 이름도 생소한 부지갱이나물이다. 민가에서 재배하고 있는 산나물인데, 본명은 섬쑥부쟁이다.

도로 옆에 있는 주상절리 암벽

산비탈에 심은 섬쑥부쟁이

통구미 향나무자생지

울릉도 해안은 용암이 식으면서 형성된 기둥 모양의 절벽이 많아 경관이 아름답다. 화산 폭발 당시 고온의 마그마가 지표 밖으로 나와 용암이 퍼진 다음 부피가 줄어들어 땅 표면에 금이 가고 굳고 냉각되어 수축이 이뤄지면서 균질적으로 6각형 모양이 형성된다. 그 틈사이로 빗물이 지속적으로 파고들어 풍화작용을 거치면 수직적인 기둥 모양이 형성되어 아름다운 모자이크 모양을 만들어 낸다. 이를 주상절리라고 한다.

통구미 몽돌해변을 지나자 천연기념물 제48호인 향나무자생지가 보인다. 처음에는 가파른 절벽에 나무가 있을 거라 상상되지도 않았고, 더구나 멀리 있어 잘 보이지 않아 향나무자생지가 있을 거라고는 생각지도 못했다. 전에는 울릉도에 향나무가 많아 향나무로 만들어진 펜대, 담뱃대 같은 제품이 많았다고 한다. 지금은 모두 보호수 내지는 천연기념물로 지정되어 있어 채취 자체가 불법이다. 한반도 내륙의 향나무는 '울릉도와 동해안에 자생목이 있을 뿐 내륙에 있는 것들은 모두 식재한 것이우철'이라고 한다.

울릉도의 관광명소인 태하리 황토구미 마을의 황토굴을 찾았다. 흙살이 곱고 색이 유난히 붉다. 1,800년대 울릉도를 대상으로 조정에서 공도정책을 펼치던 시절, 정부에서 감찰사를 보내 울릉도를 정기 순시할 때 울릉도를 다녀왔다는 증거품으로 향나무와 황토구미 마을의 황토를 가져갔다는 얘기가 전해진다.

태하리 황토구미 마을 황토굴

암벽 옆에 있는 철로 된 계단을 따라 오르면 멋진 풍경이 펼쳐진다. 성인봉에서 내려오는 산 능선이 곡선으로 아름답다. 암석도 예사롭지 않다. 검게 물들여진 바위는 조각을 한 듯 부드러운 선을 그려내고 있다. 또한 비바람에 침식 되어 솟아난 바위는 자연이 낳은 하나의 예술 작품 같다.

암벽에 설치된 철제 계단

되돌아오는 길옆으로 명아주와 칠면초가 자생하고, 산 위에는 향나무가 촘촘히 자라고 있다. 조심스럽게 내려와 몇 개의 터널을 지나 현포항에 도착

자연이 만든 예술조각

서쪽 한반도를 바라보며 얼굴을 내민 한국특산종 오동나무

절벽 아래 화산회토에 난 관중

관중의 포자낭

한 뒤 노인봉 밑에 있는 예림원으로 갔다. 우선 예림원 주변을 살펴보기로 했다. 산기슭에 관중과 오동나무가 자라고 있다. 이곳에 오동나무가 있다는 것이 의아하다. 아직 꽃이 피지 않아 참오동나무인지 그냥 오동나무인지 확실히 알 수가 없다. 내륙에는 참오동나무가 많다. 꽃잎 안을 보니 자색 점이 무수히 많다. 이시도야 T. Ishidoya1928는 중국에서 들어 온 것으로 주장하였고, 우에키 H. Uyeki1925는 오동나무가 '꽃잎에 자색 점이 하나 없이 순백색이라는 점을 들어 한국특산종이라고 발표했다.' 현재 이 두 종 모두 우리나라 전역에 식재되고 있다.

관중의 모습에 의구심이 생겼다. 일반적으로 관중의 모습은 원을 중심으로 가지런히 엽신이 펴져나가는데, 이 관중은 여러 개의 잎이 복수로 나타나고 있다. 더구나 먼저 나온 잎은 오래 된 듯하다. 이는 하록성인 잎의 생태로 보아 중부 내륙에서는 쉽게 관찰되지 않는다. 혹시 관중속의 다른 산

바닷가에 자라고 있는 곰솔(흑송, 해송)

왕호장근 군락

비늘고사리가 아닌가 해서 포자낭과 우편의 잎맥을 관찰하니 소맥이 분지되므로 관중이 맞다. 산비늘고사리는 소맥이 갈라지지 않는 것이 특징이다. 국립생물종 표본을 보면 많은 종이 울릉군 서면 남양리 일대에서 채취되었다. 아직 못 본 까닭일까 내륙의 관중과는 사뭇 다르고, 포자낭이 많이 크다. 우편의 인편 구조를 비교 분석하여 확실히 규명할 필요가 있다.

울릉도에는 곰솔이 많다. 일반인에게는 곰솔이라는 이름보다 해송이라는 이름으로 더 알려져 있다. 이는 바닷가에서 잘 자라는 상록 침엽 교목이다. 때로는 줄기의 수피가 검다하여 흑송이라 하나 곰솔이 정식명칭이다. 바닷가에서 한반도를 바라보고 있는 곰솔이 아주 우아하다. 울릉도에 왕호장근이 큰 군락을 형성하고 있다. 꽃이 피고, 열매도 줄줄이 달려 있다. 어떤 왕호장근은 키가 3미터 넘는 것도 있다. 그만큼 생육 조건이 좋다.

그 밖에 꾸지나무, 참쑥, 칡덩굴, 둥근잎나팔꽃도 보이고, 섬바디도 여기저기서 자태를 뽐내고 있다. 다시 예림원으로 돌아 왔다. 예림원 앞에는 여러 가지 화분이 놓여 있는데 그 중 눈에 띄는 것이 하나 있다. 미역고사리

울릉도 나리분지

미역고사리

미역고사리 포자낭

다. 미역고사리는 울릉도에 많이 나는데 아직 산에 오르지 못해 만나지 못했다. 화분에서 자라고 있는 것이 놀랍다. 미역고사리와 미역고사리 포자낭을 촬영하여 뿌듯했다. 예전에 야생화 애호가 집에 미역고사리가 있었는데 그때는 포자낭을 찍을 수가 없었다. 이와 비슷한 종이 또 하나 있다. 서백두에서 남백두로 가는 길에 만난 북방인자인 좀미역고사리이다.

해변으로부터 400여 미터를 오르자 드디어 분지가 나타났다. 분지는 평화롭고 안락해 보인다. 울릉도 지질 역사에는 3회에 걸친 용암의 분출로 형성되었다고 한다. 첫 번째는 신생대 시기, 이때는 불안정한 지각으로 마그마가 활발히 움직여 백두산, 울릉도가 생긴 시점인데, 울릉도를 이루는 기저에 현무암질 용암이 분출되었다. 두 번째 약 180만 년 전 안산암질 용암이 분출되면서 울릉도 지형이 만들어진 시기이고, 이때 분출한 중앙화구가 함몰되면서 칼데라caldera가 만들어졌으며 나리분지는 이 때 만들어졌다. 세 번째는 9,300년 전 나리분지 안에 다시 화산 폭발이 일어나 중앙화구인 알봉이 만들어졌고, 알봉분지도 함께 만들어지면서 울릉도 화산은 상·하 2단 화산의 형태를 갖추게 되었다.

나리분지는 개척 당시 주민들이 허기진 배를 채우기 위해 나리를 캐먹은 데서 붙여진 이름이라고 한다. 하지만 나리라는 식물은 본래 없고, 이곳에서 많이 나는 섬말나리일 것이다. 섬말나리는 분지 내 뿐만 아니라 성인봉 중턱에 이르기까지 많이 출현한다.

나리분지 내에는 다양한 농작물을 재배하고 있다. 화산 폭발 당시 화산재 층이 바닥에 두껍게 쌓이면서 화산회 토양이 만들어져 비가 오면 쉽게 빗물이 스며든다. 울릉도는 온난한 기후와 연간 1,500mm의 강수량, 잦은 안개, 비, 눈이 많은 까닭에 공중 습도가 높아 나대지 안에서도 산나물이 재배되고 있다. 평지에서도 높은 습도, 잦은 안개로 연하고 부드러운 산나물이 재배되고 있다.

나리분지 내에서 재배하고 있는 울릉산마늘

농가에서 재배하고 있는 부지갱이나물

산장 앞의 식재된 마가목

식당 안의 음식(산채비빔밥, 동동주)

산마늘 뿐만 아니라 부지갱이나물도 울릉도에서 많이 재배되고 있다. 이는 온난하고 습윤한 기후 때문이다. 강한 광선보다는 적당한 햇볕으로 산나물이 부드럽다.

나리분지 안에 있는 식당으로 들어갔다. 먼저 동동주와 삼나물을 주문했다. 부드러운 나물에서 향긋한 산채 향이 난다. 여기서 삼나물의 식물명은 눈개승마이다. 일전에 향토민속음식을 연구하는 단체에서 낯선 삼나물이라는 명칭이 나와 한참 애를 먹은 적이 있다. 본시 삼나물이란 없고, 내륙의 고산, 즉 800mm 이상인 곳에 자라는 눈개승마의 어린순과 줄기로 만든 나물이다. 이곳 울릉도에서는 비탈진 밭에서 많은 양이 재배되고 있다. 또 한 가지는 산마늘로 만든 명이나물이다. 연한 간장에 숙성시킨 명이나물 맛이 일품이다. 식사를 마친 후 식당 주변을 둘러보니 여러 나무를 분재로 만들어 전시를 하고 있다. 눈에 들어온 것은 만병초다. '태하령과 남양동 사이의 산에서 솔송나무림 밑에 동백나무 숲이 있고, 그 하부에 만병초가 있으며 그 아래 자금우가 나는 곳이 있다.T. Nakai, 1919' 식당 주인이 태하령 쪽에서 가져오지 않았을까 추측해 본다.

나리분지에서 성인봉으로 가는 길

넓은 분지를 지나자 수림대가 길을 안내한다. 숲은 조용하고 긴장감이 넘친다. 제일 먼저 눈에 들어 온 것은 진퍼리고사리다. 처음 보는 것으로 여러 개체를 관찰했지만 좀처럼 포자낭이 보이지 않는다. 단지 중축에 털 같은 비늘인편이 무수히 나 있는 것만 확인

진퍼리고사리

관중

섬백리향, 울릉국화 자생지

울릉국화

하였다. 관중, 큰십자고사리, 왁살고사리, 공작고사리, 개면마 등이 길옆을 덮고 있다. 회솔나무, 큰두리미꽃, 멸가치, 섬벚나무, 천남성 등도 보인다.

분지에서 1km 지났을까? 철망 같은 구조물이 보였다. 다가가 표지판을 읽어보니 섬백리향과 울릉국화 등을 보존하기 위한 보호 구역이다.

안으로 들어갈 수 없어서 먼 거리에서 꽃이 핀 울릉국화를 겨우 찍었다. 구절초 같은데 왜 '국화'라 하였을까? 문헌에 의하면 울릉국화는 울릉도 특산식물인데 구절초의 한 종류 또는 들국화의 일종으로 본다. 잎이 가늘게 갈라지고 잎자루가 있으며 특히 잎에 털이 없고 두껍다. 단지 구절초 종류인데 울릉도 특산식물로 울릉국화울릉구절초로 이름을 지은 듯하다.

나리분지를 지나자 또 좀 더 작은 나리분지가 나온다. 그 중간에 알봉분지가 있었는데 시간이 되지 않아 그곳에 들르지 못했다. 길가에 억새와 큰개여뀌들이 무리지어 있다. 오솔길을 따라 걷다 투막집을 보았다. 송곳산

투막집(중요민속자료 257호)

우데기

축담

610.9m을 배경으로 투막집을 찍었다. 울릉도는 눈이 많이 내려 예전에는 사람들이 우데기와 축담이라 불리는 집을 짓고 살았다. 우데기는 처마를 따라 여러 개의 기둥을 세우고 억새로 엮은 이엉을 둘러친다. 축담은 우데기와 방 사이의 좁은 공간으로써 눈이 많이 내려 바깥출입이 힘들 때 작업공간, 생활공간으로 사용하였다.

일색고사리

일색고사리 포자낭

신령수 샘터

주목나무와 비슷한 회솔나무

분지를 지나자 다시 숲이 이어졌다. 길가에 낯선 고사리가 보여 흥분되었다. 잎이 조밀하고, 초장이 70~80cm로 길고, 검푸른 색으로 강렬하다. 잎 뒷면에 있는 포자낭군이 복잡해 보였다. 포자낭군의 형태로 보아 일색고사리가 틀림없다. 일색고사리는 상록성으로서 약간 습한 곳을 좋아한다. 우리나라 울릉도와 제주도 그리고 일본 등에서 자란다. 큰십자고사리도 포기로 자리하고 있다.

성인봉 신령수에 도착했다. 울릉도에는 오다五多가 있다. 향나무, 바람, 미인, 물, 돌이다. 신령수에는 물이 계속 솟아오른다. 물을 충분히 마시고 가져간 물병에도 가득 채웠다. 앞으로 가야하는 성인봉이 매우 높은 산임을 알고 있기 때문이다.

울릉도 성인봉 원시림

물을 마시고 막 길을 떠나려는데 나무에 걸려 있는 푯말이 눈에 띈다. 푯말에 회솔나무라 적혀 있다. 회솔나무는 처음 보는 것이라 낯설게 느껴졌다. 주목나무와 비슷하여 좀처럼 특징을 찾아내기가 어렵다. 문헌에 의하면 주목나무의 잎은 3mm 이내이고, 회솔나무 잎은 3~4.5mm로 더 넓은 것이 다르며, 중부 이북 지역이나 울릉도에서 자란다고 한다. 회솔나무 오른쪽에 있는 푯말에는 천연기념물인 성인봉의 생태적 현황을 간략히 적고 있다.

천연기념물 제189호 성인봉(聖人峰)의 원시림(原始林)

울릉도 정상에 위치한 이곳은 자연 그대로의 모습을 간직하고 있다. 원시림이란 과거에서 현재까지 이르는 오랜 세월동안 피해를 입은 사실이 없고, 인간의 손을 타지 않았던 숲을 말하며, 이곳은 너도밤나무, 왕고로쇠, 섬단풍 등의 군락이 자연 그대로 보존되어 있다. 섬조릿대가 나며, 그 사이에 솔송나무, 섬단풍, 섬피나무 등도 울릉도에만 분포하는 수종이다. 나무 외에 초본들로는 섬말나리, 큰노루귀, 섬노루귀, 섬바디가 있다. 섬잣나무도 자라고 있는데 이 나무는 육지에서는 자생하지 않는다. 이 원시림은 과거 울릉도의 삼림을 대변해 주는 귀중한 자료가 된다.

낮은 언덕에 자생하는 큰두루미꽃

산 능선에 소복이 솟아난 고비 군락

다소 습기가 많은 수림대 밑에 자생하는 섬말나리, 삭과가 노랗게 익어간다.

낮은 언덕에 자생하는 큰두루미꽃을 보았다. 습한 계곡과 나무 그늘에 일색고사리가 온통 자리를 잡았고, 관중과 큰십자고사리가 있다. 나리분지에서 100m 정도 올라왔을까? 섬말나리가 보였다. 전에 섬말나리 꽃을 본 적은 있었지만 이렇게 자연 생태로 만난 것은 이번이 처음이다. 꽃은 지고 열매만 달렸는데 그 모습이 정말 아름답다.

경사면을 따라 고비 군락도 보인다. 울릉도는 예로부터 산나물이 많이 나는데 고사리와 고비도 그 중 하나이다. 솜털을 소복이 감싸고 나오는 고비는 연하고 맛있어 산나물에서도 최고급으로 취급한다. '고비'라는 말이 들어 있는 양치식물은 대부분 봄나물로 사용한다. 그 중에서도 대표적인 것이 고비, 꿩고비, 음양고비 등 3종이 주류를 이룬다. 그 중 고비와 꿩고비를 가장 많이 먹는다. 음양고비는 개체수가 그리 흔하지 않아 특정한 지역이 아니면 잘 만날 수가 없다.

산림 아래 습지에서 자라는 섬쑥부쟁이

공작고사리 군락

산개고사리 생태

나리분지로부터 300여 미터 곳에 공작고사리가 있다. 사면이 촉촉하다. 길 따라 왼쪽에 산개고사리가 군생으로 자라고 있다. 이 두 종은 예전에 백두산 남백두에 오를 때 발견한 종과 같은데 생태적으로는 약간 차이가 있다. 이곳에 자라는 공작고사리와 산개고사리는 약간 작은 것에 비해 한대림에 속하는 개체는 더 크고 우람하다.

농가 근처에서 부지갱이나물을 재배하는 것을 보았다. 부지갱이나물꽃은 8~9월에 원줄기 끝에 산방화서로 핀다. 이 역시 울릉도에서 최고로 치는 산나물 중 하나로 중요한 농가 소득원이다.

너도밤나무 수간

너도밤나무 잎

너도밤나무 밤송이와 열매

해발 800m에 위치한 휴식 공간

울릉도 특산식물인 큰노루귀(섬노루귀)

해발 700여 미터에 이르자 너도밤나무가 보이기 시작했다. 처음 보는 나무라 떨어진 밤송이 열매가 역삼각형인 것을 확인하고 나서야 너도밤나무인 것을 알았다. 내륙에서는 만나볼 수 없는 울릉도 특산식물이다.

100여 미터를 더 오르자 전망 좋은 휴식 공간이 있다. 날씨가 쾌청하여 나리분지, 알봉분지 전체를 한 눈에 볼 수 있었다. 울릉도는 비가 많이 오고 안개가 끼는 탓에 날씨가 오늘처럼 맑은 날은 1년 중 60여 일 밖에 안

된다고 한다. 위 사진에서 멀리 보이는 곳이 나리분지고 앞쪽으로 보이는 곳이 알봉분지다. 알봉과 알봉분지는 2차 화산폭발로 인해 만들어져 나리분지와 상·하 2단으로 된 분지 구조를 가지고 있다.

큰노루귀가 여러 군데 군락을 형성하며 자생하고 있다. 큰노루귀는 일반적으로 섬노루귀로 더 잘 알려져 있다. 그 이유는 울릉도에서 나기 때문이다. 그러나 1910년대 이곳을 처음 방문한 나카이와 정태현 선생이 큰노루귀로 명명했는데 유독 이창복 선생만 섬노루귀로 명명했다. 이후 이영노, 이우철 선생이 큰노루귀로 명명했는데 그 이유는 확실치가 않다. 아마도 울릉도 특산식물을 더 강조하고자 했던 것은 아닐까? 울릉도에는 큰두루미꽃, 큰십자고사리 등 '큰'자로 시작되는 종이 여럿 있다.

섬피나무 고목

섬피나무 어린 치수(穉樹)

해발 800여 미터에 있는 능선을 따라가다보면 큰 고목나무 두 그루를 만날 수 있다. 바람이 잘 통하고 햇볕이 잘 들어서인지 수령이 500여 년이 지났음에도 잘 자라고 있다. 보호를 위해 간단한 울타리만 있을 뿐 나무에 대한 어떠한 기록도 없다. 나무 밑에 있는 작은 묘목의 잎을 살펴본 결과 섬피나무이다. 좀 더 이름을 확실하게 알기 위해 울릉국유림사업소에 문의를 하니 섬피나무라 한다. 이곳은 천연기념물 지역이므로 간단한 명패나 이에 대한 설명이 있었으면 좋겠다는 생각이 들었다.

한참을 더 오르자 왼쪽 사면에 섬조릿대 군락이 있다. 저동쪽 낮은 해안가 능선에서만 있던 섬조릿대가 성인봉 800

개좀진고사리 군락

개좀진고사리 포자낭

멸종 위협을 받고 있는 섬남성

미터 이상의 고지대에서도 자생하고 있다. 외관상으로는 이대와 섬조릿대의 구분이 쉽지 않다. 섬조릿대는 키가 1~2미터이고, 잎이 넓고 잎 표면에는 털이 없으나 뒷면의 중맥 기부에 털이 있다. 커다란 나무들이 경사면을 따라 줄지어 있는데 그 밑에는 많은 식물들이 자생하고 있어 천연의 숲이 아름답게 느껴졌다. 산형과 참반디가 열매를 맺고 있다. 한쪽 편에는 개면마가 포자낭수를 쑥 내밀고 곧 포자를 퍼트릴 태세다.

해발 500여 미터부터 정상으로 가는 길이 거의 계단으로 되어 있어 너무 힘들었다. 푯말이 나리분지 방향 3.52km, 성인봉 정상 300미터를 가리키고 있다.

바로 계단 옆에 개좀진고사리가 있다. 보기 드문 것인데 이곳 성인봉 정상부에서 만나게 되니 더없이 기쁘다. 개좀진고사리는 우리나라 남부 지역과 제주도, 중국, 일본 등지에서 나타나는 종이다. 정상이 코앞이다. 지칠 대로 지쳐 있는데 허연 무언가가 있다. 자세히 보니 섬남성이다.

성인봉 정상 부근의 산림 생태

잎에 무늬가 있다. 나리분지에서 천남성을 보았는데 이와 비슷하지만 무늬가 없다. 섬남성은 무늬가 있어 따로 분류된 변종이 아니라 일본 식물학자 Makino에 의해 명명된 하나의 독립된 종이다. 아주 귀한 울릉도 특산식물을 만난 것이다.

정상으로 가는 길 사면의 나무들은 모두 아래로 향해 다시 위로 오르는 모양새를 하고 있다. 아마도 태풍과 강풍으로 인해 어린 치수들이 쓰러졌다가 다시 일어서면서 나무 밑 부분이 휘어져 위로 오르는 모양을 만들어 낸 것이 아닌가 생각된다. 수림 밑에 일색고사리가 거대하게 무리지어 있다. 특이한 모양을 하고 있는 고사리가 있어 표본을 채취하여 알아본 결과 울릉도와 일본에서만 나는 비늘개관중산나도히초미이다.

비늘개관중

비늘개관중 포자낭

비늘개관중 엽신

이 양치식물은 울릉도에서만 있는 귀한 식물이다. 참나도히초미와 지리개관중과 아주 비슷한 형태를 갖추고 있는데 중축에 붙은 원형, 난형의 인편이 크기가 작고 하향해 붙은 것이 다르다. 이와 비슷한 것으로 울릉도에 나는 참나도히초미수비늘개관중가 있다. 1937년 울릉도에 와 탐사를 마치고 Tagawa가 명명한 종이다. 문헌에는 있는데 이 두 종에 대해서 좀 더 자세히 연구할 필요가 있다고 생각한다.

정상 바로 밑에 관중이 보이고, 큰두루미꽃 열매가 탐스럽다. 드디어 성인봉 정상에 올랐다.

큰두루미꽃 열매

나리분지 산장에서 오전 11시 15분에 출발하여 오후 1시 47분이 다 되어서야 성인봉 정상에 올랐다. 물론 이곳으로 오면서 다양한 식물을 만나 사진 촬영을 했으니 다음 사람들보다는 시간이 훨씬 더 걸렸을 것이다. 성인봉 정상에 오르니 뿌듯하고 감격스러웠다.

성인봉 정상에서 서북 방향으로 펼쳐진 분지 산맥으로는 미륵산이 가장 높다. 알봉538m이 분지 안쪽으로 둥굴게 자리하고 있다. 약간 뒤편으로 송

성인봉에서 오른쪽으로 가는 산맥.
군사시설때문에 정상을 촬영할 수 없었다.

성인봉 정상(984m)에서 본 미륵산(905m), 송곳산(610m), 송곳봉(452m)

곳산과 송곳봉이 나란히 줄지어 섰다. 동북방향으로 높은 간두산968m이 있다. 간두산은 군사보호시설이 있어 촬영을 할 수 없다. 우람한 산세에 깊이 감탄만 할 뿐이다.

성인봉 오른쪽 산맥을 촬영한 앞 사진도 군사보호시설 때문에 산 정상을 촬영할 수 없어, 어쩔 수 없이 어색함을 달래며 정상에 솟아난 마가목에 집중했다. 9월 중순인데 마가목 열매가 붉다. 울릉도에서는 어디서든 마가목을 볼 수 있다. 그래서인지 생태적으로 잘 자라는 마가목을 가로수로 심고, 탐스러운 열매는 약술과 약초로 판다고 한다. 마가목 밑에는 섬조릿대, 섬피나무 어린 치수들이 빽빽이 경쟁하며 자라고 있다.

산 정상 부근에서 꽃을 피운 섬제비꽃

성인봉 정상 바로 아래에서 섬제비꽃이 열매를 맺고 있는 것을 보았다. 섬제비꽃은 울릉도에서만 나는 특산식물이다. 섬제비꽃은 졸방제비꽃과 비슷하지만 꽃받침이 길고, 보라색 꽃잎이 보다 좁은 것이 다르다. 내려오는 길에서 섬피나무, 너도밤나무 군락이 크게 형성되어 있는 것과 섬조릿대 군락을 보았다.

수림대 밑에 자생하는 산고사리삼

길옆에서 우연히 산고사리삼을 만났다. 많은 식물 중에 산고사리삼이 눈에 들어온 것은 큰 행운이다. 광량이 너무 적어 깨끗한 사진을 찍을 수가 없어서 안타까웠다. 산고사리삼은 전체적으로 연한 흰색 털을 많이 갖고 있다. 도둑놈의갈고리가 열매를 맺고 있는 것도 관찰되었다. 등산로를 따라 내려오면서 잘생긴 관중과 고비, 왁살고사리, 바위틈에 붙은 공작고사리와 잔고사리를 보았다.

내려오는 길에 만난 구름다리

관중

고비

암벽에 붙어 있는 공작고사리와 잔고사리

길옆 사면에 있는 왁살고사리

울릉도는 탐방객들을 위해 난코스 지역에 다리를 놓거나 나무 데크를 놓았다. 이곳은 매우 험준한 지역인데 다리를 놓아 키 큰 나무 열매를 쉽게 관찰할 수 있었다. 카메라를 들고 자세히 다가가 보니 섬피나무에 열매가 가득 달렸다. 오전 성인봉 올라오는 길에 500년이 지난 섬피나무를 발견하고도 상부를 관찰할 수 없었던 것에 비해 이번에는 10미터가 훨씬 높은 곳에 있는 나무를 다리 위에 올라 찍을 수 있었다. 그 옆에 있던 우산고로쇠도 함께 찍었다.

우산고로쇠

섬피나무 상부

초장이 1미터에 이르는 비늘개관중 (산나도히초미)

농가 주변에 있는 산나물 재배 밭

길에서부터 앞은 삼나물 뒤는 고사리

섬고사리

내려오는 길 오른쪽 사면에 뭔가 길고 큰 고사리가 있다. 자세히 관찰한 결과 울릉도에서만 나는 희귀한 비늘개관중이다. 성인봉에 오를 때 한 포기, 내려오면서 두 포기 총 세 포기를 만났다.

오후 3시 40분, 농가 주변 밭에 삼나물, 고사리와 같은 산나물들이 가득하다. 산나물은 농가의 주요 소득원이다.

울릉도에서 홍보하는 관광지도에 있는 고사리와 인터넷에 떠도는 고사리는 참고비로 알려져 왔다. 그러나 포자낭을 촬영한 결과 참새발고사리

섬고사리 하부 인편과
섬고사리 엽신 뒷면 포자낭군

와 비슷하기는 하나 엽축이 대부분 녹색을 띠고, 포자낭군이 짧으며, 포막 가장자리가 너슬너슬한 것으로 보아 참고비가 아닌 울릉도 특산식물인 섬고사리이다.

고비는 줄기에 붙은 검은색 인편이 없고, 보통 부드러운 털로 덮여 있어 이것을 간단히 제거하고 나면 고비나물로 이용한다. 섬고사리는 엽병 기부에 흑갈색의 인편이 다수 줄지어 붙어 있다. 참새발고사리와 비슷하지만 엽신이 짧고 굵어 외형적으로도 많이 다르다.

이번 1박 2일 간의 식물 탐사는 짧은 기간이어서 좀 더 다양한 자료를 얻는 데는 한계가 있었다. 하지만 울릉도의 식물 생태, 산업 현황, 인구의 동향과 분포 등을 조금이나마 더 알게 되어 보람 있는 탐사였다. 그리고 탐방 지역의 사진 자료를 정리하면서 이전에 발표했던 자료와 논문, 관련 서적을 접할 수 있는 계기가 되어 좀 더 포괄적인 지식을 얻을 수 있었다.

차후에 다시 울릉도를 찾는다면 지금보다 훨씬 더 많은 식물 자원을 이해할 수 있을 것으로 기대한다.

다섯번째 이야기: 영흥도편

서해섬의 신비

노루귀와 봄꽃의 향연

언젠가 서해 생태를 이해하는 데 꼭 필요하다는 생각으로 영흥도를 찾았다. 봄이라 하기엔 좀 이른 4월 8일이다. 영흥도 바닷바람이 차갑다. 황량하게 보이는 바닷가! 이곳에 뭐가 있을까! 봄은 새싹도 내밀지 않았다. 바닷물에 씻긴 경사면에 나무들만 무성하고, 파란 생명의 움직임은 잘 보이지 않는다. 잔뜩 움츠린 채 추위를 이겨내고 있는 가는잎족제비고사리, 비늘고사리가 있다.

아슬아슬한 절벽에 뿌리를 잡고 있는 나무가 있다. 분꽃나무 새순이다. 새순은 털을 감싸고 있어 마치 이불솜을 뒤집어쓰고 있는 것처럼 보인다.

영흥도 해변

비늘고사리 근경

분꽃나무 새순

초여름이 되면 꽃을 피울 분꽃나무는 예전부터 서해 바다에서 자주 만날 수 있는 식물이다. 아리아리한 꽃이 아름다워 야생화 애호가들로부터 사랑을 받고 있다. 강원도 깊은 산과 백두산 하부에 산분꽃나무가 자생한다. 추운 지역에서 자라는 산분꽃나무는 거친 느낌이지만 꽃은 연분홍을 띠고 나팔 같은 모양을 하고 있다.

파랑에 깊게 파인 해안가

아름다운 해변을 따라 수수하고 소박한 꽃들이 하나둘씩 모습을 드러낸다. 처음으로 맞이한 꽃은 노루귀, 노루의 귀를 닮았다고 하여 붙여진 이름인데 서해 바닷가에서 자주 만나는 꽃이다.

노루귀 꽃

둥굴레 알뿌리

금족제비고사리

꼬리고사리

남산제비꽃

가는그늘사초

내륙에는 흰색과 남색이 주를 이루지만 이곳 서해는 분홍색이 주를 이룬다. 깎아지른 벼랑에 둥굴레 뿌리가 보인다. 둥굴레 뿌리에 살이 올랐다. 둥굴레는 정말 강인하고 생명력이 끈질기다. 어려운 환경 속에서도 잘 적응하며 살아간다. 한국인의 강인한 삶과 많이 닮은 듯하다.

낙엽 위에 금족제비고사리가 있다. 사진을 찍기 위해 낙엽을 살짝 들추어내니 금족제비고사리가 푸른 옷을 입고 한겨울을 잘도 이겨내고 있다. 금족제비고사리는 상록성인데 주로 남쪽에서 자생한다. 중부지방에서는 해안가를 중심으로 가끔 나타나곤 한다. 옆으로 꼬리고사리가 절벽에 붙어 있다. 꼬리고사리는 우리나라 각처에서 나는데 생명력이 강해 약간 습하고 물기만 있으면 잘 자라는 재밌는 양치식물이다.

해안가에는 흥미로운 식물들이 많다. 이른 봄 햇살에 먼저 꽃을 피운 식물이 있다. 살포시 고개를 내민 남산제비꽃이다. 옅은 미색을 띤 남산제비꽃은 서울 남산에서 제일 먼저 발견해 작명을 했다는 이야기가 있다. 남산제비꽃은 우리나라 어느 곳에서도 쉽게 만날 수 있는 꽃이다. 잎이 가늘게 찢어진 모양을 한 것이 특징이다. 또 하나의 꽃이 눈에 띈다. 30cm 이상 길게 늘어뜨린 가녀린 잎에 꽃대를 소복하게 솟아낸 가는그늘사초이다. 가는그늘사초는 우리나라 각처에서 나는데 아주 이른 봄에 제일 먼저 땅에서 솟아 꽃을 피운다. 열매도 따라 일찍 맺는다. 모습이 평범하여 일반인들은 잘 모르는 사초과 식물이지만 양지바른 곳 어디서든 쉽게 볼 수 있다.

석죽과 대나물

해변 양지바른 암벽에 겨우내 지친 풀이 고개를 내밀어 따뜻한 햇볕을 받고 있다. 댓잎처럼 싹을 틔워 낸 석죽과 대나물이다. 대나물은 흰색 꽃이 핀다. 집 뜰에서 크는 끈끈이대나물인 분홍색과는 같은 속이지만 다르다. 겨우내 가지를 드리운 선이 곱다.

영흥도 해변은 참 아름답다. 지금은 물이 빠져 작은 조개들이 밀물에 쓸려와 하얀 백사장을 만들었다. 서해에서는 보기 드믄 광경이다. 해안 절벽 곳곳에 새싹이 돋고 있다. 해국과 홍도원추리, 참나리 등이 혹한의 겨울을

영흥도 해변

해국

홍도원추리

해변 절벽 틈에 자리한 참나리 알뿌리

암벽에 붙어사는 거미고사리

거미고사리 포자낭

이겨내고 곱게 생명을 싹 틔우고 있다. 해국은 가을에 연보라 꽃을, 홍도원추리는 여름에 주황색 꽃을 피운다. 언제 어느 곳에서도 우리꽃 야생화는 귀여우면서도 우아한 꽃을 피워 아름다운 경관을 연출한다.

영흥도 해변엔 양치식물류가 많다. 평소 관심 있게 보지 않으면 눈에 잘 보이지 않는데 이곳 암벽 틈새엔 뿌리를 내린 양치식물이 많다. 돌 틈의 틈새는 가늘지만 오히려 깊고 넓다. 그래서인지 빗물이 스며든 암벽에 붙어사는 식물들은 뿌리가 깊고 강인하다.

분홍색 노루귀

흰색 노루귀

야산에 노루귀 군락이 있다. 분홍색 노루귀는 색이 고와 사람들의 사랑을 받는다. 이번엔 흰색 노루귀이다. 수술이 흰색 반 붉은색 반으로 되어 있어 꽃술이 마치 보석 같다. 여느 곳에서도 볼 수 없는 진귀한 광경이다.

올괴불나무 꽃

해안가에서 정말로 보고 싶었던 올괴불나무를 만났다. 올괴불나무는 종류가 다양하여 분류하기가 쉽지 않다. 열매로만 보았던 올괴불나무 꽃을 보아 매우 기뻤다.

올괴불나무

양평 사나사 계곡에 있는 올괴불나무 열매

생강나무 수꽃

노루귀 흰색

노루귀 붉은색

가평 유명산에서 보았던 올괴불나무 열매가 생각난다. 5월 3일이다. 5월 초에 울괴불나무 열매를 만난 것은 뜻밖의 일이다. 후에 양평 사나사 계곡에서 또 다시 올괴불나무 열매를 만나 재확인 하였다.

나지막한 야산으로 발길을 옮겼다. 노란 꽃이 핀 생강나무를 만나 반가웠다. 추위가 어느 정도 가시면 산에 가장 먼저 피는 꽃이 생강나무다. 이곳에서는 생강나무뿐만 아니라 다른 식물들도 꽃을 피웠다. 생강나무는 암꽃과 수꽃 나무가 다른 것이 특징이다.

경사면에는 하얀 노루귀가 눈꽃을 피웠다. 순백색의 노루귀, 잎보다 꽃

물오리나무 둥근 암꽃과 긴 수꽃

이 먼저 나온다. 우리나라 야생화 중 으뜸을 찾는다면 그 순서가 꽤나 앞에 있을 정도로 명성 있는 꽃이다. 붉은 노루귀꽃도 고개를 수줍게 내밀고 있다. 노루귀는 물이 있거나 약간 습한 곳에서 잘 자라는 특징이 있다.

계곡 습지 바로 앞에 길을 막고 서 있는 물오리나무가 있다. 예전부터 물오리나무는 산지의 토사 유출을 막기 위해 사방공사로 심는 나무이다. 이른 봄 물오리나무의 붉은 암꽃과 가녀린 수꽃이 꽃가루를 날리고 있다. 나무 밑 복수초도 고개를 내밀었다. 봄이 성큼 다가왔음을 전해주는 듯하다. 거친 가지를 치우며 산 능선에 오르니 햇볕이 강하게 내리쬔다. 작고 앙증맞은 야생화를 사진에 담으며 봄의 향기에 취했다.

복수초

솜방망이

털제비꽃

뫼제비꽃

길뚝사초

낚시제비꽃

솜나물

둥근털제비꽃

내리쬐는 뙤약볕아래 솜방망이가 강인해 보인다. 솜방망이는 양지바른 곳에서 부드러운 솜털을 뒤집어쓴 채 겨울을 난 뒤 이른 봄에 노란 꽃을 피운다. 털제비꽃, 뫼제비꽃, 낚시제비꽃, 둥근털제비꽃 등도 양지바른 사면에 있다. 길뚝사초가 노란 꽃대를 피워 올렸다. 상수리나무 밑 낙엽이 소복이 싸인 곳에 옅은 분홍색 꽃이 핀 솜나물이 앙증맞게 꽃대를 마주보고 있다. 어린순을 나물로도 이용하는 솜나물은 건조한 곳에서도 잘 자라 봄의 전령사 같다. 민가로 가는 길에서 작고 예쁜 잔고사리 군락을 만났다. 잔고사리는 중부지방에서 겨울에도 푸른색을 띠는 상록 고사리이다.

작은 털이 밀생하는 상록 잔고사리

영흥도 바다는 아름답다. 갯벌에는 고동과 다슬기 등이 갈조류를 먹으며 무리지어 산다. 갯벌이야말로 다양한 생명체들이 살고 있는 소중한 자연 유산이다.

영흥 화력 발전소와 풍력 발전기가 있는 영흥도는 서울과 수도권에 에너지를 공급하는 중요한 산업 단지다. 산업공해로 영흥도에 식물이 없을 거라고 생각했으나 다행히 많은 식물들이 살고 있었다. 영흥도는 생명의 섬이며, 자연생태가 살아 있는 아름다운 섬이다.

갯벌

고동과 다슬기

바닷가 갈조류

꽃과 자연

꽃은 희망입니다.
그리고
꽃은 인생의 안내자입니다.

그들과 함께 여행하면
힘들고 지친 삶을 위로 받습니다.

꽃은 어디를 가든 있습니다.
들에도 산에도

길을 걸으며
우리는 그들과 함께 호흡합니다.

모두가
자연의 하나이기 때문입니다.

측도 해변

여섯번째 이야기: 진도편

다도해 해상국립공원을 찾아서

진도로 가는 길

해남과 진도를 잇는 진도대교

완도에서 여러 차례 걸쳐 생태 탐사를 했지만 남쪽의 상록수와 아열대성 식물들을 이해하기란 아직 턱없이 부족하다. 이번 탐사 지역은 진도다. 서울에서 5~6시간 걸린다. 새로운 곳을 여행한다는 것은 늘 긴장이 앞선다. 아침 일찍 출발하였으나 점심때가 다 되어서야 진도에 도착하였다. 식사를 하기 위해 차에서 내려 기사식당으로 들어갔다. 반찬이 맛깔스럽게 보인다. 어느덧 익숙해져버린 남도음식, 이젠 입맛에 딱 맞는다. 아리아리한 비린내가 식욕을 돋운다.

기사식당 음식

진도의 이순신 장군 동상

12월의 동백꽃

먼나무 열매

2월 28일, 겨울이 무색하게 동백꽃이 피었다. 가을인지 초겨울인지 도무지 알 수 없는 계절의 꽃이다. 울타리에 먼나무 열매가 붉게 물들었다. 두 나무 모두 상록수로서 동백은 붉은 꽃, 먼나무는 빨강 열매를 달아 진도의 진귀하고 아름다운 풍경을 만들어 내고 있다.

길가에 심어져 있는 호랑가시나무 붉은 열매가 바쁜 발걸음을 멈추게 한다. 뾰족한 가시에 반짝이는 잎을 하고 있는 호랑가시나무는 남도에서 자주 볼 수 있는 상록수이다. 그 옆에 사철나무가 주홍색 씨앗을 대롱대롱 달고 있다. 화살나무, 회나무와 비슷한 열매 구조를 한 사철나무는 남도 바닷가에서 자주 볼 수 있는 주요 상록수다. 한참을 가다 노란 열매에 눈이 끌려 잠시 발길을 멈췄다. 농가 울타리에 탐스럽게 잘 익은 멀구슬나무가 울창하게 자리하고 있는 것이 아닌가. 최근 친환경 농자재로 이용되고 있는 멀구슬나무 열매는 인기가 많다. 남도에 자생하는 나무 중 귀중한 낙엽활엽수이다.

멀구슬나무 열매

사철나무 열매

호랑가시나무 열매

바다 양식장

팽목항에 도착해 조도여객선에 올랐다. 약 40여 분 동안 운행된다. 오고 가는 길목에 양식장이 줄지어 있다. 규모나 시설이 매우 넓고 대단하다. 조도 항구에 도착했다.

바다 근처에 오니 작은 꽃들이 눈에 들어오기 시작한다. 소금기가 가득한 바닷물 언덕에 아름다운 갯쑥부쟁이가 송긋이 피어 있다. 늦은 12월인데 남도의 따뜻한 해풍으로 갯쑥부쟁이가 꽃도 피고 열매도 맺었다.

갯쑥부쟁이 꽃

갯쑥부쟁이 열매와 뿌리잎

광나무 열매

갯강활 뿌리잎

물푸레나무과의 광나무를 만나고 갯벌 위로 올라갔다. 작은 새싹이 눈에 띄었다. 놀랍게도 갯강활의 어린 근엽根葉이 아닌가. 그동안 산형과 식물에 매료되어 관련된 생태 조사를 해왔는데 갯강활은 한 번도 만나지 못했다. 어린 새싹이지만 한동안 흥분을 가라앉힐 수가 없었다.

해변 경사면에는 많은 식물들이 열매를 맺고, 씨앗을 퍼트리고 있다. 제일 먼저 눈에 들어온 것은 다정큼나무 열매다. 이른 봄에 진한 향기를 날리며 핀 꽃이 늦가을이 되어 검은색 열매를 맺었다. 열매의 크기가 큰 검정콩만하다. 암벽 돌너덜에 돌가시나무가 자리를 잡았다. 중부지방에서 자생하는 찔레나무와 아주 흡사한데, 열매가 좀 더 크고 줄기가 땅바닥을 기면서 자라는 것이 다르다. 돌가시나무와 비슷하면서 다른 품종이 있다. 열매의 모양에 따라 갸름하고 긴타원형을 한 긴돌가시나무장미과

다정큼나무 열매

돌가시나무 잎

돌가시나무 열매

장미속. 학명: Rosa wichuraiana for. ellipsoidea Nakai이다. 그리고 돌가시나무와 닮았는데, 붉은색 꽃을 피는 홍돌가시나무이다.

익숙한 나무들이 있다. 재미있는 상동나무다. 상동나무는 흑산도 이남의 섬에서 자라는 낙엽 또는 반 상록관목으로 긴 줄기 형태로 서로 엉겨 붙어 큰 무리를 이루며 산다. 예전에 보길도에서 처음 만나 유심히 관찰한 적이 있다. 꽃과 열매를 보아도 쉽게 알아볼 수가 없어서 아주 오랫동안 고민하여 알아낸 식물이다. 최근 지구온난화로 인해 제주도를 비롯해 완도, 조도까지 퍼져 있다.

팔손이나무도 예전에는 제주도와 경남에 주로 자생했던 식물이었으나 지금은 완도, 조도에까지 넓게 생태를 이루고 있다. 이 밖에도 갯사상자, 으아리, 무릇, 석산, 벚나무, 해송, 사철쑥, 장딸기, 왕모시풀 등을 이곳에서 보았다.

해변에서 야산으로 조금 오르자 별고사리와 탐라사다리고사리 등이 습한 곳에서 군락을 이루며 예쁘게 자라고 있다.

반 상록관목인 상동나무

갯사상자 열매

팔손이나무

별고사리

우묵사스레피 열매

탐라사다리고사리

청하향초 열매

늦가을과 초겨울에는 어느 곳을 가도 열매를 볼 수 있어 좋다. 열매는 식물의 이름을 알기 쉽게 하는 표증이다. 아주 작고 앙증맞은 우묵사스레피 열매가 "나 여기 있소"하고 뽐내고 있다. 그 옆에 보리밥나무와 마 열매도 있다.

최근 식물 종자의 중요성을 알고 표본 작업을 진행하고 있다. 많은 종을 만나는 일도 중요하지만 식물을 정확하게 동정하는 일은 더더욱 중요하다. 이 과정에 열매의 모양과 종자의 외형적 구조는 중요한 분류 기준이 된다. 그러므로 열매나 종자 하나도 소중히 다루어야 하고, 그 세부적인 특징들을 잘 이해할 수 있어야 한다.

오후 5시가 되어가자 어느덧 큰 길에는 석양이 물들고 있다. 어둡기 전에 식물 한 가지라도 더 촬영하고 싶었다. 큰 도로 옆에 청하향초 열매가 있다. 남아메리카 원산의 1년 초인 청하향초는 귀화식물naturalized plant, 歸化植物로서 어떤 경로로 들어왔는지는 모르지만 첫인상부터 낯선 느낌을 지울 수가 없다. 열매 꼬투리를 잡자 많은 씨앗이 향기와 함께 쏟아져 나왔다.

풀솜나물과 열매

떡쑥과 열매

길가엔 작은 식물들이 꽃씨를 만들고 있다. 자세히 관찰하니 풀솜나물이다. 풀솜나물은 양지바른 산이나 습기있는 곳에서 잘 자란다. 어린순은 부드러워 식용하기도 한다. 털머위, 쑥부쟁이, 까실쑥부쟁이도 펴져 있다.

늦은 저녁이 되어서야 항구로 돌아왔다. 식사하기 전 또 다른 식물을 만날 수 있을까 하는 기대감으로 잠깐 마을을 둘러보았다. 경사면에 붙어 있는 떡쑥이 보였다. 떡쑥은 보기에도 부드럽고 연한 털이 있어 먹음직스럽다. 어린순은 식용하고, 성숙한 잎은 약용으로 사용된다. 떡쑥은 풀솜나물에 비해 햇볕이 더 강하고 건조한 곳에서 잘 자란다.

마을 어귀를 걷다 새로운 장면을 마주하였다. 중부 내륙의 겨울철에는 볼 수 없는 난대성 외래식물들이 살고 있는 것이 아닌가! 진한 핑크색인 송엽국이 길게 늘어져 있다. 송엽국학명 Lampranthus *spectabilis* (Haw.) N. E. Br은 번행초과의 여러해살이풀인데 남아프리카 원산이다. 또 그 옆에 사랑초가 있다. 사랑초옥살리스, 학명 Oxalis *martiana* Zucc.는 괭이밥속의 식물 전체를 가리킨다.

울타리 사면에 자연스럽게 자란 송엽국

사랑초(옥살리스)

아마릴리스 잎

아마릴리스 알뿌리

이 외에도 자생하는 아마릴리스, 석산, 피라칸다, 갓, 진득찰 등 내외래종이 혼재하여 마을 곳곳에 자생하고 있어 이곳이 얼마나 따뜻한 지역인지 알 수 있다.

붉은 피라칸다를 보며 아름답다고 하자, "아저씨는 화초에 관심 많으신가봐!" 하며 주인아주머니가 나와 반갑게 이야기를 받아주신다. "아주머니, 어쩜 이렇게 아마릴리스를 잘 키우셨어요?"라고 묻자 아주머니께서는 흡족한 듯 말을 이어 받으며 "꽃도 예쁘고 잘 크죠. 아저씨도 필요하면 내가 캐 줄게!"하며 여러 개의 알뿌리를 주셔서 고맙게 받아 들고 인사를 하였다. 날이 점점 저물어 석양에 노을이 물든다.

조도 흰동백 꽃

흰동백이 피는 조도

밭에서 한 아주머니가 섬쑥을 덮었던 검은 차광망을 걷어내고 정성스레 쑥을 뜯고 있다. 요즘 해풍을 받고 자란 섬쑥이 인기가 많아 재배하고 있다고 한다. 육지와 멀리 떨어져 있는 섬에서 섬쑥은 어민들의 생활 경제에 많은 도움이 된다고 한다. 밭 가장자리에 흰동백이 꽃을 피웠다. 주인아저씨는 흰동백을 찾아내 묘목을 분양하고 있다고 한다.

조도 항구

해풍으로 키우는 섬쑥

배풍등

흰 꽃이 순수한 사람의 마음을 움직이게 하는 것은 아닐까! 붉은 동백의 평범함에 반해 변이의 돌발성에 유혹되는 것일까! 아무튼 흰동백은 도시인에게 인기 있는 수종이 되었다. 밭 가장자리 울타

수선화

금잔화

리에 붉은색 열매가 가득하다. 배풍등 열매다. 가지과 식물로 조도 외에 중부 내륙에도 있어 우리나라 전역에 걸쳐 자생하는 것으로 생각된다.

짙푸른 삼나무가 줄지어 서 있다. 강한 비바람을 막기 위해 울타리로 식재된 것이라 생각된다. 섬 기슭 밭에 마늘이 겨울을 아랑곳하지 않고 꼿꼿이 자라고 있다. 아침 공기를 마시며 마을로 내려오자 꽃이 만발하다. 이곳 조도는 아열대성 기후로 대부분의 외래종 식물들이 터를 잡고 살아가고 있다. 돌담에는 금잔화가 피어 있고, 길가에는 수선화가 고운 자태를 뽐내며 웃고 있다.

어촌은 한적하고 어업과 밭농사가 어우러져 있다. 바다 속에 작은 수초들이 파랑에 이리저리 춤을 추며 일렁인다. "아리 아리랑 스리 스리랑 아라리가 났네, 아리랑 응 응 응 아라리가 났네." 진도 아리랑이 파도 따라 널리 퍼져간다.

조도 해변에 들이치는 파도

바위에 붙어사는 작은 해초들

송악의 줄기

돈나무 씨앗

해식海蝕으로 파인 암벽에 송악의 줄기가 회화를 그려내고 있다. 어떤 표현일까! 한겨울도 아랑곳 하지 않고 상록으로 뿌리를 내려 살고 있는 송악은 이곳 겨울을 대표하는 착생식물이다. 서로 붙잡은 손아귀가 강풍도 견디어낼 듯 섬을 움켜쥐고 있다. 절벽에 기대어 뿌리를 내린 식물이 있다. 빨간 열매를 내민 돈나무다. 돈나무 열매가 열개하여 내미는 씨앗은 작지만 새들에겐 유혹의 대상이다. 손을 대자 끈적함이 강해 떨어지지 않는다.

해안 절벽에서 감탕나무를 보았다. 한참 동안 무슨 나무일까 생각하다 열매를 보고 감탕나무임을 알았다. 완도 수목원에서도 본적이 있다. 야생의 나무를 이곳 조도에서 만나니 기쁘기도 하고 흥분되기도 하였다. 붉은 열매까지도 얻게 되어 더없이 좋은 만남이었다.

판상절리로 이루어진 해안 암벽

까마귀쪽나무 열매

털머위 꽃

해안으로부터 판상을 밟으며 위로 오르자 눈에 익은 나무들이 하나둘씩 보이기 시작한다. 돈나무를 비롯해 사스레피나무, 동백나무, 까마귀쪽나무, 다정큼나무, 이대 등 주로 남부 지방에 자생하는 상록활엽수들이 숲을 이루며 밀생하고 있다. 특이한 점은 까마귀쪽나무가 어느 지역보다도 많이 분포하고 있다는 것이다.

초본으로 갯까치수영, 갯기름나물, 털머위, 씀바귀, 도깨비쇠고비, 갯쑥부쟁이, 쑥부쟁이, 방가지똥, 으아리 등이 자생하고 있다. 특이하게 12월임에도 불구하고 털머위와 갯쑥부쟁이가 꽃을 피우고 있어 매우 신기했다.

해안가 절개지에 핀 갯쑥부쟁이

탐스럽게 익은 작살나무 열매

가는쇠고사리와 포자낭(우상), 근경(우하)

길을 걷다 가까운 언덕에서 가는쇠고사리 군락을 만났다. 처음 보는 고사리라 근경과 인편, 포자낭의 위치, 털의 유무 등을 자세히 관찰하며 동정하였다. 낯선 만남과 새로운 발견에서 오는 흐뭇한 마음은 가는 발길을 더욱 가볍게 한다.

비탈면 경사지에 자생하는 바위고사리

청미래덩굴 열매

지나는 길에 비탈면 경사지에 난 바위고사리 군락을 만났다. 바위고사리는 주로 남부지방에서 자생한다. 그리고 비탈면 경사지의 햇빛이 잘 드는 양지바른 곳을 좋아한다. 숲 속 깊은 곳에 청미래덩굴이 빨간 열매를 내밀고 있다.

돌을 붙잡은 채 웅크려 앉은 소엽맥문동이 보인다. 가늘고 긴 잎을 가지고 있는 소엽맥문동은 늦가을이면 보라색 열매를 달고 있는데, 잎을 살짝 들어야 열매가 보이기도 한다. 소엽맥문동은 언제나 보석 같은 열매를 달

소엽맥문동 열매

진달래과 모새나무 동그란 열매

긴돌가시나무

고 있어 보는 이로 하여금 신비롭고 청아한 느낌을 갖게 한다. 숲 안쪽에 작은 열매가 있어 보니 긴돌가시나무 열매다. 원형 돌가시나무에 비해 약간 타원형이며 생태적으로 해변으로부터 떨어진 낮은 숲에 자생한다. 가늘고 긴 가시가 창과 같이 날카롭다.

지난 5월 완도수목원에서 모새나무를 꽃으로 보았는데, 이곳에서 열매로 만났다. 모처럼 귀한 우리 토종 모새나무를 만나 매우 기뻤다. 이와 비슷한 나무로 월귤이 있다. 모두 진달래과 식물이다. 이들은 추위와 산성에 강하고, 우리나라 토양과 기후에 잘 적응하는 식물이다. 예전에 백두산 하부 식생 조사를 할 때 들쭉나무를 본 적이 있다. 중국 조선족들은 들쭉나무 열매를 음료나 술의 원료로 사용하기도 한다. 우리나라에서도 모새나무를 연구 개량한다면 최근 건강식품으로 각광받고 있는 블루베리보다 더 인기를 얻을 것으로 생각한다.

풀고사리 군락

발풀고사리

동백 열매(12월 29일)

국화으아리

으아리 열매

길가에 작은 연못이 있다. 어떤 용도로 만들었는지 모르겠지만 서북 방향의 습기와 연못의 물은 고사리가 살기 좋은 조건을 만든다. 풀고사리가 거대한 군락으로 잎을 펼치고, 발풀고사리가 엉금엉금 기어가고 있다.

길가에 동백이 즐비하다. 봄이었다면 붉게 핀 동백꽃이 장관을 이루었을 것이다. 초겨울이 시작되는 지금 꽃의 사랑이 여물어 있다. 열매가 열면서 3개의 동그란 씨앗을 머금고 있다. 금시라도 떨어질 듯하다. 숲 가장자리에 하얀 눈처럼 보이는 꽃이 있다. 희귀한 광경이라 앞다투어 가보니 으아리가 열매를 맺어 눈을 날리고 있는 것이었다. 그야말로 장관이다. 그 옆으로 희귀종인 국화으아리가 물결무늬 잎에 하얗게 수를 놓았다.

비탈면 밭에 있는 마늘, 양배추, 무

어촌의 향기가 물씬 피어오른 조도에도 한국인의 입맛을 돋우는 채소류가 밭 가운데 가득하다. 마늘과 양배추, 무 등이 가지런히 줄지어 심어져 있다. 밭 가장자리엔 도깨비쇠고비가 눈이 부시게 큰 군락으로 있다. 두껍고 가죽질인 도깨비쇠고비는 생명력이 강하고 여느 곳에서도 잘 자란다.

신전리 해수욕장 가는 길

조도 항구 언덕에서 보랏빛 향기 가득한 층꽃나무를 만났다. 주로 남쪽 섬에서 자라는 아관목亞灌木. 관목과 초본의 중간에 있는 식물. 즉 줄기와 가지는 목질(木質), 가지 끝 부분은 초질(草質)인 식물이다. 키가 30~60cm로 윗부분은 겨울에 죽는다. 여우콩이 보인다. 중부 내륙에서는 볼 수 없는 여우콩이 붉은 콩깍지를 열어젖히고 쥐눈 같은 작은 콩을 달고 있다. 해변 언덕의 멋진 광경이다.

유난히 반짝이는 생달나무를 만났다. 이곳 골짜기에 생달나무가 무성히 자라고 있다. 마침 잘생긴 열매를 만나 좋은 사진과 종자를 얻었다. 생달나무는 중국 상하이에서 가로수로 심어져 있다. 녹나무과의 대표주자인 생달나무는 녹나무와 더불어 조경수로 개발될 여지가 많은 수종이다. 생달나무 숲 속에 들어서자 바닥에 납작 붙어 있는 백량금 열매가 보인다. 백량금나무는 화원에서 쉽게 볼 수 있는 꽃으로 꽃과 열매가 아름다워 원예용 화분으로 자주 만날 수 있다.

꽃이 아름다울까? 아니면 열매가 아름다울까? 어리석은 질문이다. 생물의 형태적 특성으로 볼 때, 꽃은 꽃으로서 열매는 열매로서 가치와 의미가 있다. 한참을 헤집고 들어가자 붉은색 열매가 꽃송이로 다가왔다. 탐스럽게 열린 남오미자를 보며 한동안 기쁨과 아름다움에 취해 어찌할 줄을 몰랐다. 보석을 숨겨 놓은 숲 속에 황금빛이 반짝인다. 노란색 유자가 가녀린 잎을 잡고 주인을 찾아 애절하게 기다리고 있다.

층꽃나무

남쪽에 자생하는 여우콩

검은 큰 콩 같은 생달나무 열매

백량금 열매

남오미자 열매

유자나무 열매

꽃이 핀 팔손이나무

금테사철 열매

가지과 식물인 알꽈리

배풍등 열매

녹색 잎을 달고 있는 알꽈리

발길을 돌려 조도 면사무소로 왔다. 작은 어촌에 시골의 향기가 곳곳에 피어난다. 성스러움이 가득한 성당의 정원에서 커다란 팔손이나무와 금테사철잎 가장자리가 황색, Euonymus japonica for. aureo-marginata Rehder을 만났다.

차를 다시 몰아 등대 방향으로 향했다. 빨간 열매를 주렁주렁 달고 있는 나무가 보인다. 이제껏 보지 못한 식물이다. 열매는 배풍등과 비슷하거나 같은데 덩굴이 아닌 고추나무처럼 쭉 뻗어 있는 것이 아닌가! 열매를 잡고 있는 꽃받침과 잎줄기를 보면서 완전 다른 종임을 알았다. 가지과 식물인 알꽈리이다.

얼핏 보기엔 비슷한 종으로 보이나 자세히 들여다보면 열매의 꽃받침이나 줄기의 수형이 전혀 다른 모양을 하고 있다.

비포장도로를 걸어 하조도 등대에 도착했다. 배의 항로를 알려 주는 이 등대는 1909년 2월에 지어졌다 한다. 등대를 둘러싸고 있는 경관이 매우 아름답고 빼어나 많은 사람들이 찾는 명소가 되었다. 아름다움을 감상할 수 있는 조형물과 산책로가 잘 설치되어 있고, 안내판과 휴게시설 등도 갖추어져 있다.

등대 앞 바다

하조도 등대

등대 조형물

3일째 되는 날 아침, 이번에는 서쪽 바닷가로 향했다. 서북 방향의 야산에는 식생이 잘 어우러져 있다. 앞에는 바다가 펼쳐져 있고, 시원한 파도 소리가 숲 속으로 메아리쳐 온다. 가장 먼저 눈에 보인 것은 개산초이다.

개산초의 잎은 가늘고 긴 타원형을 하고 있다. 줄기와 잎 앞뒷면에 긴 가시가 있고, 묵은 줄기엔 더 큰 왕가시가 있다. 이는 턱잎이 변하여 생긴 가시인데 예리한 창칼과도 같다. 가까이 가기에 너무 위험해 보인다. 가녀린 줄기 끝에 검게 익은 작은 씨앗들이 새들을 유혹하고 있다. 야산에는 제비꽃을 비롯하여 가는쇠고사리, 민머귀나무, 종가시나무 등이 울창한 숲을 이루고 있다.

개산초 잎과 긴 가시

개산초 묵은 왕가시

민머귀나무 단풍잎

민머귀나무 수피

배풍등 열매

독일 둘까마라배풍등 (Solanum dulcamara)

돌너덜에는 배풍등 열매가 주렁주렁 열려 있다. 조도에 특별히 많이 있는 배풍등과 알꽈리는 좋은 공부 재료이다. 지난해 독일에 갔을 때 만난 둘까마라배풍등도 배풍등과 비슷하다. 다만 열매가 둥그냐 갸름하냐의 차이일 뿐인 듯싶다.

조도의 풍광은 아름답다. 사방으로 펼쳐진 작은 섬들은 서로 손을 잡아 연결하기도 하고, 때론 떨어져 이별하듯 아쉬워한다. 섬과 섬이 유기적으로 살아 움직이며, 바다는 한 폭의 명화를 만든다.

조도의 꽃은 어민들이다. 넓은 바다에 붉은 진주로 수를 놓고, 그물과 어망을 연결하여 어패류를 기른다. 냉수대冷水帶가 흐르는 조도 인근 바다엔 해삼을 비롯한 주요 어종이 자라고 있어 수산 자원이 풍부하다.

바위에 붙은 돌미역과 파랑

언덕에 뽕나무과의 천선과나무가 열매를 달고 있다. 야생으로 군락을 이루고 있어 혹시 다른 종이 아닐까? 기대를 했었다. 밭과 하우스에서 재배되는 무화과와는 달리 과실이 작고 색깔도 자흑색이다. 열매는 익으면 먹을 수 있다. 파도치는 언덕에 머귀나무가 어깨를 나란히 하며 단풍 짓고, 바다를 향한 쑥부쟁이가 섬의 꽃향기를 피워내고 있다.

조도 다도해

자흑색으로 익은 천선과나무 열매

해풍을 막는 마을 앞 팽나무 군락

집 울타리에 있는 하늘타리

하조도에서 다리를 건너 상조도로 자리를 옮겼다. 한적한 섬마을에 팽나무가 우리를 반갑게 맞이한다. 마을의 수호신처럼 자란 팽나무는 튼튼하고 조밀한 가지를 가졌다. 이 조밀한 줄기가 강풍과 태풍을 막아준다. 좁고 꼬불꼬불한 길을 따라 걷다 보면 마을의 정취가 느껴진다. 길가에 전호가 푸르게 자라고, 울타리에 하늘타리가 노랗게 익어간다. 인정이 넘치는 동네 어르신께 인사를 하고 잘 가꾸어진 정원이 딸린 집안으로 들어갔다. 전형적인 어촌의 가옥인데 작은 정원치고는 정말 깨끗하고 단정하였다. 삶은 어느 곳이나 존재하고 또 의미는 위대한 것. 숙연한 마음으로 마을 뒷동산에 올랐다.

돌담에도 울타리에도 꽃은 피어나고 열매와 씨앗을 만든다. 작은 어촌이 정겹다. 만나는 마을 사람들과 인사를 한다. 첫 만남에도 정이 느껴진다.

돌담에 피어난 떡쑥

정원에 심어 놓은 사철나무

마을 앞을 지나 언덕에 오르니 옛 초등학교 건물이 보인다. 오래전에 폐교가 된 듯하다. 상처가 건물 곳곳에 남아 있다. 이곳에서 어린 학생들은 웃고 장난치며 꿈을 키웠을 것이다.

울타리 넘어 계절을 앞선 동백이 꽃을 피웠다. 어린 아이 웃음처럼 윤기가 나는 잎, 이 나무도 희망의 꿈을 키우고 있지는 않은지. 나무 밑으로 가을에 여물었던 동백씨가 흐트러져 있다. 싹이 터서 뿌리를 내린 것도 더러 보인다.

조금 더 언덕을 오르니 세상이 자연에 묻혀버렸다. 옛 집과 농지는 풀로 가득했고, 노란 열매만이 덩그러니 나무를 애처롭게 붙잡고 있는 것이 아닌가!

상조도 전망대에서 바라본 조도 대교

사다리고사리

콩짜개덩굴

장구밥나무 열매

윤노리나무 열매

맥문동 열매

마을을 벗어나 상조도 전망대로 향했다. 도리산 전망대는 210m로 제법 높아 도로 코스가 가파르고 곡선이 많았다. 절개지 도로 옆 경사지에 아름다운 갯쑥부쟁이가 피어 있다. 고사리도 큰 군락을 이루었다.

사다리고사리가 바위틈에 자리 잡았다. 우리나라 남부에 주로 자생하는 상록성 고사리이다. 포자낭군은 열편 가장자리에 달려 있고, 포막은 둥근 콩팥모양으로 가장자리에 샘과 털이 있다. 비탈 암벽에 물기가 스며들어 얼어붙었다. 물과 습기가 있는 곳이라면 어김없이 고사리류가 있다. 이곳에는 콩짜개덩굴과 비늘고사리가 얼음을 감싸며 겨울을 이겨내고 있다.

소사나무 줄기

소사나무 열매

암벽에 붙어사는 부처손 군락

압록부처손(2011.8.12.)

정상에는 나무들이 다양하게 어우러져 숲을 이루고 있다. 큰 바위 밑에 맥문동을 비롯해 송악, 다정큼나무, 장구밥나무, 윤노리나무 등이 주요 수종을 이루며 열매를 달고 있다.

도리산 전망대에서 남서쪽으로 내려와 탐사를 하던 중 소사나무 군락을 만났다. 소사나무는 그다지 크지 않는 낙엽소교목으로서 줄기가 회백색이다. 곡선이 아름다운 나무로 분재 애호가들에게 인기가 많다. 1980년대 분재가 최고 절정이었을 때 소사나무와 동백나무 자생지의 훼손이 컸다.

건조한 바위의 겉면에서 자라는 부처손은 다년초로서 줄기가 없이 잎만 무성하다. 큰 군락을 하고 있는 부처손의 군집이 장관이다. 예전에 백두산

나리잔대(가는잎잔대)

대극과의 흰대극

해변가 산기슭에 자리한 다정큼나무 열매

압록강 중반부를 탐색하던 중 암벽으로 된 절벽에서 국내 미기록종을 발견해 놀란 적이 있다. 잎의 끝이 침처럼 길게 뻗어 있는 것이 특징인 압록부처손가칭, Selaginella pilifera은 미국 남부에서 출현되는 종이다.

경사지의 모퉁이를 돌자 남쪽 바다가 넓게 펼쳐진다. 가파른 절벽에 금방이라도 미끄러질 듯한 비탈, 부서진 돌들이 미끌미끌하다. 작은 돌 틈에 뭔가 솟아올랐다. 바닷가에 자라는 흰대극이 해발 200여 미터의 높이까지 날아와 자라고 있는 것이 아닌가! 강렬한 햇빛에 진보라이다. 바닷가에 있는 녹색 종과는 대비가 된다.

한라산과 백두산에 나는 나리잔대가 전남 진도에서 발견돼학국식물도감, 이영노 진도의 또 하나의 명물이 되었다. 도리산 정상 거친 숲 속에서 발견된 작은 나리잔대는 잎자루가 없으며 가녀리고 좁다. 잎 가장자리엔 불규칙한 톱니가 있어 날카롭다. 귀한 손님을 만난 듯 반갑고 기쁘다. 이 외에도 정상 돌너덜 부근에는 상동나무, 갯쑥부쟁이 등이 있다.

도리산을 내려와 넓은 해안 포구 어촌으로 향했다. 어구들이 마구잡이로 늘어져 있다. 녹슨 기계가 어부의 고단함이 녹녹치 않음을 대변하는 듯했다. 해변으로 가는 길에 산기슭을 바라다보았다. 다정큼나무가 무성히 자라 열매를 가득 달고 있다. 지금까지 본 다정큼나무 중 가장 크고, 열매도 많이 달렸다. 돈나무에도 빨간 열매가 달렸다. 잎이 유난히 크고 아름다워 혹시 다른 종일까 의심할 정도다. 그리고 출렁이는 파도 옆으로 팽나무가 노란 열매를 흔들고 있다.

돈나무 잎과 열매

진도 쌍계사 상록수림지를 찾아

진도읍으로부터 동남 방향으로 가는 길에서 멀구슬나무를 만났다. 낙엽 활엽수인 멀구슬나무는 약용 또는 친환경적 살충제로 사용된다. 쌍계사로 가는 산, 첨찰산484m과 연결된 덕신산350m은 안개로 도로가 살짝 얼어붙어 있었기 때문에 가슴을 졸이며 겨우 내려왔다.

멀구슬나무 열매

완도호랑가시나무

완도호랑가시나무 열매

쌍계사 마을 내에 있는 비파나무

쌍계사 앞 개울가에 완도호랑가시나무가 열매를 가득 안고 있다. 호랑가시나무는 주로 남부지방에 자라는 상록 관목인데 같은 과科인 감탕나무와 자연 교배를 하여 새로운 완도호랑가시를 만들었다. 자연 교배종이므로 잎에 결각이 적어 감탕나무를 닮은 것도 있고, 잎에 결각이 있고 작은 가시가 있는 호랑가시나무를 닮은 것도 있다. 완도를 비롯해 남해도서 곳곳에서 발견되고 있는 특산식물이다.

최근 남쪽에서는 새로운 작물로 비파나무를 재배하고 있다. 가정집 울타리에 비파나무 꽃이 만발하였다. 키가 5m 족히 넘는 것으로 볼 때 이 지역이 비파나무 재배지로 최적의 조건인 듯하다.

쌍계사 앞에 도착하자 주차장에 키가 큰 개잎갈나무히말라야시다가 우뚝 서 있다. 처음에는 일본잎갈나무낙엽송라고 생각했다. 하지만 자세히 살펴보니 구과에 씨앗이 촘촘히 들어 있고, 일본잎갈나무에 비해 열매와 씨앗이 훨씬 크다. 개잎갈나무는 히말라야 원산 상록교목으로 높이가 30미터까지 자라는 대형 교목이다.

계요등 열매를 처음 보았을 때 무엇인지 몰라 한참을 어리둥절했다. 꽃을 보면 쉽게 알 수 있는 식물도 열매만 보면 동정하기가 쉽지 않다. 이른 봄부터 늦가을까지 많은 탐사 경험이 있어야 얻어지는 지식이다.

진도 쌍계사 옆 상록수림지에 이르렀다. 이 지역은 천연기념물 제107호로 1962년 12월 3일에 지정된 곳이다. 특히 이곳은 50여 종의 상록수림이 울창하게 자라고 있어 계곡 일대 621,351㎡에 이르는 지역이 특별히 보호되고 있다. 상록수로 동백나무, 후박나무, 참가시나무, 감탕나무, 종가시나무, 생달나무, 모새나무, 참식나무, 차나무, 자금우, 광나무, 붉가시나무, 모밀잣밤나무 등이 있다.

사찰 정원에 있는 계요등 열매

참식나무 줄기와 수피

참식나무 잎

생달나무 어린 나무

참가시나무 잎

쇠물푸레 나무 겨울눈

개서어나무 줄기

나무를 타고 올라가는 상록성 콩짜개덩굴

상록성 참쇠고비

낙엽수로는 쇠물푸레, 졸참나무, 자귀나무, 느릅나무, 말오줌때, 쥐똥나무, 실거리나무, 삼색싸리, 소사나무, 갈매나무, 윤노리나무, 굴피나무, 예덕나무, 개서어나무, 느티나무, 상수리나무, 굴참나무, 푸조나무, 산벚나무 등이 있어 전체를 상록수림지로만 보기 어렵다. 상록성 덩굴식물로는 마삭줄, 멀꿀, 모람 등이 있다.

나무를 타고 올라간 콩짜개덩굴이 마치 이순신 장군이 입은 갑옷 같다. 중부지방에서는 볼 수 없는 난대성 상록 양치식물이다. 습한 골짜기에 참쇠고비, 쇠고비가 돋아났다. 참쇠고비는 쇠고비에 비해 잎 모양과 포막이

산골무꽃

소엽맥문동

달라 어렵지 않게 구별할 수 있는 종이다.

숲 속 한적한 곳에 산골무꽃이 봉긋이 솟아 있다. 이미 열매를 뿌리고 난 빈 깍지가 삼태기 모양으로 키질을 하고 있다. 내려오다 길옆에 숨어 있는 소엽맥문동을 만났다. 하늘색을 띠고 있는 소엽맥문동은 울릉도, 조도, 진도에서 볼 수 있는 난대성 식물이다.

낙엽 활엽수인 삼색싸리는 이 지역의 특산식물이다. 진도 쌍계사 상록수림지는 우리나라 서남 지역을 대표하는 상록수림이므로 잘 보존할 필요가 있고, 학술연구로도 중요한 가치를 지니고 있다.

아래 사진은 전라남도 진도군 임회면 죽림리에 있는 굴 양식장이다. 겨울이면 굴을 수확해 길 옆 난전에서 직접 까서 판다. 싱싱하여 즉석에서 회로 먹기도 하고, 굴구이를 해서 먹는다. 지역 사람들은 굴물회를 즐겨 먹는

진도 굴 양식장

다. 굴을 수확할 즈음에는 대도시의 미식가들이 이곳 임회면 강계포구로 몰려와 성황을 이룬다.

바닷가 해변 경사지에 나무 한 그루가 있다. 쉽게 이름이 떠오르지 않는다. 나무에 대못 같은 가시가 있다. 큰 가시가 있는 나무는 탱자나무, 느릅나무과 시무나무 침지針枝가 있다. 그런데 이 나무는 어느 것에도 해당되지 않아서 많은 시간동안 고민하였다. 한참 뒤에야 우연히 이름을 알아내곤 쓴웃음을 지었다. 우리나라 황해도 이남 어느 곳에서나 만날 수 있는 낙엽관목 꾸지뽕나무였다.

꾸지뽕나무 잎

꾸지뽕나무 가시

해변에서 왕밀사초를 만나고 올라오다 한겨울 멋진 풍경을 만들고 있는 이대를 만났다. 진도는 한겨울에도 남국의 정취를 느낄 수 있다. 길 사면에는 대부분의 풀들이 시들었지만 몇 그루의 상록수와 풀들이 숲을 이루고 있다. 산을 오르고 내리기를 반복하다 숲 속 개울가에서 퍼런 무언가가 눈에 띄었다. 새로운 식물임을 직감하고 가까이 다가갔다. 잎부터가 예사롭지 않았다. 잡풀과 덩굴을 살짝 걷어내자 짙은 녹색의 양치식물이 나타났다. 가슴이 요동치기 시작했다. 손도 무심으로 떨렸다.

조심스레 풀과 덩굴을 걷어내려 했으나 너무 긴장한 탓에 잎줄기 하나가 그만 살짝 꺾이고 말았다. 아차! 하고 후회하였으나 이미 엎질러진 물이다. 잎 뒷면을 살펴보았다. 아무 흔적도 없다. 하는 수 없이 포자낭을 확인하기 위해 채취하여 연구실로 가지고 갔다. 화분에 옮겨 심으니 본 잎이 모

이대

왕밀사초

진도고사리(12월 31일)

진도고사리 포자낭과 흰 포막

두 시들어 생기가 없다. 그 순간 죽었구나! 하고 속상해 했다. 그런데 따뜻한 봄이 되자 새싹이 돋더니 여름에는 포자낭 줄기가 솟아올랐다. 이 표본을 국립수목원과 제주 한라수목원 전문가에 의뢰한 결과 국내 미기록 종으로 확인되어 가칭 진도고사리면마과 관중속, Dryopteris sieboldii로 명명하였다. 실로 엄청난 발견이자 양치식물 학계에 또 하나의 쾌거가 되어 매우 기뻤다.

봄이 오는 진도

일 년이 훌쩍 지난 시간, 다시 그리운 진도를 찾았다. 첫 만남의 어색함을 지우고 보다 산뜻한 마음으로 죽림리를 찾았다. 해변에 이르니 마음이 평화롭다. 넓게 펼쳐진 바다 위에 어선과 그물들이 수를 놓고, 해변 봄꽃은 모네 정원의 수채화를 그려 넣었다. 갯무다. 갯무란 해변가에서 사는 무라는 뜻이다.

해변의 갯무

갯무는 진도나 제주도 등 해변가에서 가끔 볼 수 있다. 그런데 갯무가 어떻게 바닷가로 왔을까가 궁금하다. 갯무는 무와 같은 하나의 품종으로 분류된다. 무의 원산지는 지중해 연안이다. 삼국시대 신라 불교가 융성할 시기에 고승이 인도 북부지역을 방문했을 때 들어와 재배된 것이 우연히 야생이 되어 갯무가 된 것으로 추측하고 있다. 일반 무에 비해 갯무는 뿌리가 가늘고 딱딱하여 식용으로 하지 않는다.

유채는 해변가에서 자주 볼 수 있다. 재배하던 것이 퍼져나가 야생이 된 것이다. 갈색 종자에서 기름을 얻어 튀김 혹은 샐러드기름으로 이용한다.

꽃과 새순이 앞 다투어 얼굴을 내민다. 붉은 순 너도밤나무와 사방오리나무도 길게 포물선을 그리며 수꽃을 피웠다. 4월 29일, 남도의 꽃과 바다 향기가 온 세상을 별천지로 만들고 있다. 지천이 초록이고 꽃은 화려하다. 야산 비탈에 흰 꽃이 피었다. 맛있는 장딸기 꽃이다. 열매는 둥글고 7~8월에 붉게 익으며 먹을 수 있다. 주로 남부 해안가에 자주 나는 야생 딸기다.

해변가에 핀 유채

사방오리나무 수꽃

너도밤나무

해안가 기슭에 핀 장딸기

장딸기의 흰 꽃은 우리 겨레의 숭고함을 나타내는 것 같다. 흰색은 본시 선하고 순수하여 결백, 진실을 일컫는 말로 백색을 통해 우리 조상은 청정清淨한 삶, 선계仙界를 동경하는 삶을 꿈꾸어 왔던 것으로 보인다.

해안에 자리한 보리밥나무

해안가로 나뭇가지를 길게 늘어뜨려 진분홍의 열매를 매달고 있는 보리밥나무가 보였다. 진귀한 풍경이다. 남쪽 바닷가 해안 기슭에 살고 있는 보리밥나무는 4~5월에 열매가 익으며 먹을 수 있다. 이와 비슷한 나무가 있는데 보다 잎이 좁은 보리장나무가 그것이다.

왕밀사초

밀사초

꽃을 피운 용둥굴레

털대사초

봄동백

사철나무 푸른 잎

해안가 절벽에 왕밀사초가 있다. 해안으로 뻗은 이삭이 화살을 쏘듯 일제히 하늘을 향하고 있다. 잎들이 풍부한 왕밀사초는 겨울에도 푸른 상록 초본이다. 푸른색 이삭 밀사초도 만났다. 밭에 나는 밀처럼 하늘색 이삭을 내고 있기 때문에 붙여진 이름인 듯하다.

양지바른 산비탈에 용둥굴레가 무리를 지어 있다. 따스한 햇살에 식구도 많이 늘었다. 그 옆에 털대사초가 방석을 틀었다. 온 몸에 부드러운 털을 감싸 털이란 접두사가 붙었다.

봄동백이 떨어졌다. 수정을 마친 꽃봉오리가 꽃을 떨구었다. 바닥에 떨어진 꽃잎과 꽃가루가 채 생기를 잃지 않고 있어 안타깝고 애처로웠다. 어젯밤 세찬 바람으로 인해 더 빠르게 꽃을 떨구었나 보다. 바다를 향한 동백꽃, 선홍빛의 동백꽃은 뭇 사랑을 그리워하며 붉게 물든 것이 아닐는지!

꽃은 눈을 유혹하지만 잎은 마음에 평정을 가져다준다. 자연은 이 두 가지가 조화롭다. 꽃만 본다면 눈은 금방 현혹되거나 환상에 빠져버리기 쉽다. 잎은 욕망의 눈을 가라앉히며 마음의 행복을 준다. 새싹과 푸른 잎은 우리 마음에 생동감과 활력소를 주어 마음을 치유해 준다. 푸른 사철나무가 내 앞에 그렇게 서 있다.

살갈퀴 꽃

큰개불알풀

살갈퀴 꽃이 보랏빛을 내고 있다. 들과 야산에 나는 갈퀴나물과 비슷한데, 살갈퀴 잎 끝은 약간 움푹 들어가고 끝에 작은 가시가 삐쭉 나와 있다. 가축의 사료로 이용하기엔 너무 아까운 풀이다. 산기슭 습한 곳에 큰개불알풀이 방끗 웃고 있다. 원숭이 얼굴처럼 혀를 길게 내민 형상을 한 큰개불알풀이 큰 군락을 이루고 있다. 곳곳에 봄꽃이 피어나 꽃의 향연이 펼쳐지고 있다.

일곱번째 이야기: 제주도편

세계자연유산과 함께 하는 식물생태계

성판악에서 사라오름까지

성판악은 제주 시내에서 버스로 10여 분1,500원 정도 걸리는 가까운 거리에 있다. 성판악에 내리면 한라산국립공원 큰 표석 글씨를 만날 수 있다. 표석은 해발 750m을 가리킨다. 한라산은 1,950m로 남한에서 가장 높은 산인데, 성판악에서는 1,200m 정도의 높이로, 성인 왕복 6~8시간 걸린다. 일정상 정상이 아닌 사라오름까지 가기로 하였다.

아름다운 한라산 전체를 본다는 것은 정말 의미 있는 일이다. 산은 계절에 따라 옷을 달리 입고, 새로운 꽃들로 장식한다. 지금은 10월 6일, 가

한라산국립공원 입구 성판악 휴게소(750m)

한라산 안내 게시판

한라산 오르는 길

양치식물인 뱀톱

을이 막 시작되는 한라산, 처음 만나는 한라산은 어떤 모습을 하고 있을지 궁금하다. 발을 내딛는 순간 가슴이 설레고 흥분되기 시작한다.

한라산 오르는 길은 돌로 바닥이 되어 있고, 오르는 사람과 내려오는 사람이 서로 교차하기 쉽도록 폭이 충분히 넓다. 숲을 이루는 나무들이 길 옆으로 꽉 들어차 있고, 낯설고 새로운 식물들도 눈에 들어오기 시작한다.

제일 먼저 눈에 띈 것은 양치식물인 뱀톱이다. 본래 내륙의 높은 산에서 서식하는 뱀톱이 여기 한라산 중턱에 널리 퍼져 있다. 처음 만나는 식물처럼 새롭고 신기하다. 잎을 살짝 젖히니 노랑 포자낭이 줄기에 붙어 있다. 양치식물을 공부하는 내게는 매우 신선한 장면이었다.

황색 반짝거리는 무언가가 눈에 띄었다. 줄기가 황백색인 솔비나무를 만난 것이다. 처음에는 다릅나무가 아닐까 생각했는데 콩과 식물이라 수피도 비슷했기 때문이었다. 나무를 좋아하게 되면 특별히 줄기 수피에 관심을 갖게 마련이다. 제주도 한라산 천연보호구역내에 자생하는 나무다.

솔비나무 열매(사진, 한라산수목원)

솔비나무 수피

굴거리나무 열매

좀딱취

좀딱취 두상화서

무늬가 있는 개족도리

산형과 제주피막이

굴거리나무가 대규모 군락으로 자생하고 있다. 해발 800m 쯤 되는 산 중턱에 상록 소교목이 집단으로 자생하고 있었기에 놀라움이 컸다. 완도 식물원에서 처음 만났을 때는 참으로 신기하고 낯선 풍경이었다. 완도에서는 가로수로 개발하여 심어져 있던 기억이 난다. 수림 밑으로 족제비고사리, 벼과 식물인 용수염이 고개를 들고 있다.

처음 보는 식물의 이름을 알아내는 것은 쉽지 않다. 우선 잎의 모양을 보고, 그 다음은 꽃, 열매, 씨앗을 보며 차근차근 알아간다. 좀딱취는 어느 과에 속할까? 꽃이 피지 않은 상태에서는 식물의 이름을 알기가 매우 어렵다. 좀딱취는 두상화서의 모습이 단풍취와 닮았다는 점을 통해 국화의 단풍취속 식물임을 미루어 짐작할 수 있다.

길옆으로 개족도리가 보인다. 개족도리는 한라산, 완도의 숲 속에서 자라는 다년초다. 모양이 족도리풀과 비슷한데 잎이 보다 두껍고, 무늬가 흰색이다. 귀한 생태 현장을 만났다. 또다시 한참을 오르는 중에 바위틈에서 아주 작은 제주피막이를 보았다. 피막이도 종류가 많은데 어떻게 분류할까? 역시 이것도 마찬가지로 잎, 다음으로 꽃과 열매다. 잎이 가늘게 갈라지고, 열매가 3개로 나뉘어 3각을 이루고 있다. 암술이 2개로 곤충 더듬이처럼 나와 분과를 이룬다.

해발 800m 이상을 오르자 제주조릿대가 무성히 자라 온 산을 뒤덮고 있다. 얼마나 많고 조밀한지 큰 교목 외에는 다른 식물이 살 수 없을 정도로 하층을 덮었다. 한동안 야생화를 만날 수 없었다. 멀리 노루가 우리를 응시하고 있다. 사람들은 노루를 보고 신기해하며 사진을 찍는다.

한라산 노루

해발 900m 표석

보라색 가화(假花)가 있는 산수국

한라산 흰 사슴白鹿에 대한 전설이 전해져 오고 있다. 아주 옛날 한라산 백록담에 흰 사슴을 탄 신선이 내려와 사슴 떼를 몰고 와서 물을 먹인다. 홀연히 사라진 후, 이를 본 남자가 물을 떠 병든 어머니를 치료했다는 전설이 있다. 이후에 흰 사슴을 본 사람은 행운과 무병장수를 얻는다는 이야기가 전해온다.

어느덧 산 900m에 올랐다. 표석 뒤편에 제주조릿대가 무성하다. 개울가 나무 밑에 보라색 꽃이 피었다. 혹시 탐라산수국인가 하고 자세히 보니 가화가 무성화만 있으므로 산수국이다.

가을이 깊어가는 한라산 계곡

900m을 넘어서자 나뭇잎에 단풍이 들어 가을 향기가 느껴진다. 한라산은 표고가 높아 3계절을 볼 수 있다고 한다. 아래 해수면부터 600m까지는 난대림, 700~1,400m는 온대림, 1,500~1,950m까지는 냉대림 등 지형에 따라 기후대를 구분할 수 있다. 식물의 종류도 다양하게 분포한다.

잎 좁은 덜꿩나무 열매가 빨갛다. 동그란 모양을 하고 있는 열매는 새들에게 좋은 먹이가 된다. 줄기와 잎에는 작은 털이 밀생하고 있다. 위와 비슷하지만 잎이 원형에 가까운 종은 대체로 가막살나무이다.

한라산 900m에 자생하는 덜꿩나무

개울 옆 호자덩굴 열매

삼나무 숲

조릿대가 적은 경사면에는 식물들이 모여 있다. 눈에 띈 것은 붉은 호자덩굴 열매다. 호자덩굴은 아주 귀한 종인데 동아시아에 1종, 우리나라에는 남부, 울릉도, 안면도 등의 숲 속에 있는 상록 다년초다. 습한 바위나 흙 위에 뿌리를 낸다. 7월에는 흰 꽃을 피우고, 10월에는 붉은 열매를 맺는다.

1,000m에 이르렀다. 삼나무 숲 속으로 들어왔다. 한라산 등산로를 포함해 조림했다고 하는데, 이젠 나무가 제법

한라산 중턱의 나무 수림

해발 1,100m 표석

산딸나무 잎

커서 목재로도 좋을 듯싶다. 나무향이 짙게 전해져 온다.

1,100m에 이르자 잠시 주춤했던 제주조릿대가 다시 하층 수림대를 형성하고 있다. 염려되는 점은 제주조릿대가 밀집한 지역에서는 다른 식물들이 자라지 못한다는 것이다. 많은 생태학자에 의하면 제주조릿대가 한라산의 생태계를 위협하는 지경에 이르렀다며 대책이 시급하다고 한다. 이에 제주도는 '한라산 제주조릿대의 경제적 활용가치 조명과 관리 방안' 제주특별자치도 환경자원연구원, 2009.12.23을 주제로 학술심포지엄을 통해 말 사료, 기능성물질, 건강기능식품, 한약재, 차음료, 종이제조 등 활용 방안을 강구하고 있다.

한라산 오르는 길

약수터 물

나무 데크 위로 산딸나무 가지가 흔들리고 있다. 열매는 없었지만 잎이 타원형으로 쉽게 알아 볼 수 있었다. 잎은 마주나며 잎맥이 4~5쌍, 특히 잎자루가 3~7mm로 짧은 것이 특징이다.

살짝 불어오는 바람 소리에 나뭇잎이 붉게 물들었다. 키 큰 나무줄기가 한 폭의 그림을 그리며 멋진 포즈를 취하고 있다. 나무 사이로 걸을 때마다 방부목 데크가 눈길을 끈다.

나그네의 발걸음은 무겁다. 등산객 모두 발길을 멈춰 쉬는 곳, 약수터에 이르렀다. 이곳에서 어떻게 물이 솟아오를까! 흰 사슴이 목을 축이듯 물 한 모금을 마시자 사슴처럼 발이 가뿐해진 느낌이다. 쉼터 의자도 있어 가는 이의 발길을 가볍게 한다.

제주 고산 초원에 난다는 두메천궁*Conioselinum filicinum* (H.Wolff) Hara을 만났다. 산형과 식물은 개체수가 많지 않아 연구에 어려움이 있다. 두메천궁은 다

두메천궁과 열매

바위 위에 자라는 바위수국

해발 1,200m 표석

년초로 근경이 굵고 높이는 40~80cm 정도이다. 잎이 우상으로 갈라지고 결각상의 톱니가 있는 것이 특징이다. 뿌리는 약용으로 사용한다. 제주 한라산천연보호구역에 나며 일본에 분포한다.

해발 1,200m에 이르자 산의 중후함이 느껴지고, 등산 코스도 가팔라지기 시작한다. 바위 위에 자라고 있는 바위수국이 눈에 들어왔다. 처음 보는 식물인데 꽃이 피지 않아 이름을 알기가 쉽지 않다. 한라산에는 탐라산수

1,200m의 등산로 풍경

국, 산수국, 등수국, 바위수국 등이 있는데 각각의 종이 갖는 특징이 있다. 바위수국은 엽병이 붉은빛이 돌고 잎의 거치가 크며, 무성화가 1개의 꽃받침조각으로 되어 있다. 하지만 지금은 꽃이 없어 아쉬움이 남는다.

이곳 풍경은 단풍이 살짝 들어 감칠맛이 있다. 시원하게 뻗은 나무줄기에 등산로가 펼쳐지고, 나무는 각자의 특징에 맞는 곡선으로 화폭을 그려내고 있다. 나뭇잎에 물감을 흩뿌린 것처럼 천연의 색으로 덮여 있다.

한라산 방향은 직진, 사라오름 전망대는 좌측 방향으로 길이 나뉘었다. 사라오름 방향으로 향했다. 길은 곡선 모양의 가파른 계단이다. 숨을 헐떡이며 한발 한발 내딛으니 몸이 더욱 무겁다. 잠시 물 한 모금을 마시며 쉬고 있는데 큰 나무 줄기에 뭔가 색다른 식물이 눈에 띈다. 아주 낯선 식물이다. 잎이 크고 넓다.

다시마일엽초이다. 고목을 잡고 올라올라 뒷면을 보니 포자낭이 크고, 엽신도 20cm가 훨씬 넘는다. 다시마일엽초는 일엽초와는 달리 표면이 짙

고목 위의 다시마일엽초와 포자낭

은 녹색으로 얇고, 혁질이 아니며, 잔구멍으로 된 점이 산포하고 있다.

사라오름 정상 1,324m에 이르자 커다란 호수가 펼쳐진다. 깊지는 않으나 호수의 모습은 그야말로 평화로운 작은 백록담이다. 하늘의 푸른빛을 그대로 담아내고, 오색 단풍으로 치장하여 그야말로 한 폭의 명화와 같다. 한라산 국립공원만의 색다른 절경이다. 호수 옆으로 데크가 길게 연결되어 물 위를 걷는다.

사라오름 전경

호수 내 전경

붉은 야광나무 열매

골풀 삭과(속이 여러 칸으로 나뉘고 각 칸에 많은 씨가 든 열매)

호수에는 다양한 식물들이 있다. 자료국립습지센터, 2010 전국내륙습지 일반조사, 사라오름 화구호, p.820에 의하면 개수염, 골풀, 송이고랭이, 기장대풀 등이 있다. 식생 및 식물상은 비교적 단순하나 스코리아콘scoria cone의 화구호라는 희소성을 지니고 있으므로 잘 보존해야 한다.

호수 옆 나무들은 고산의 특징인 짧고 간결한 느낌을 준다. 붉은색 열매를 달고 있는 야광나무가 예쁜 색을 내고 있다. 이 외에도 아그배나무, 물푸레나무 등이 있다.

호수 주변의 나무

참빗살나무 열매

천남성

호수 주변으로 다양한 나무가 있는데 유난히 참빗살나무 열매가 아름답다. 주홍빛을 내는 열매는 작고 눈에 띄어 새들의 먹이가 된다. 주목나무 밑에 천남성도 알알이 붉은 열매를 맺고 새들을 유혹하고 있다. 빨간 열매 안에는 많은 씨들이 있다.

수림 밑에 살고 있는 곰취

호수 언덕 나무 수림 밑에 햇빛을 고이 받은 곰취가 자라고 있다. 몇 개체가 돌너덜 옆에 더 보였다. 높은 곳에서 만난 낯선 손님이 신기하기까지 하다. 이 외에도 붉게 물들어 가는 철쭉, 단풍이 시작하는 마가목, 사철 푸른빛을 잃지 않는 줄사철나무 등도 서로를 의지

홍노도라지

털사철난

금창초

하며 호수에 아름다운 그림을 더하고 있다.

사라오름 정상에서 내려오다 길 옆, 흙 쌓인 곳에서 홍노도라지를 보았다. 아주 작은 꽃인데 앙증맞고 귀엽기까지 하다. 문헌에서만 보던 식물을 이곳 한라산 중턱에서 만나고 나니 뜻깊은 생태 탐사라는 생각이 든다.

수림 아래에 털사철난이 자라고 있다. 나뭇잎에 가리어 눈에 쉽게 띄지 않을 텐데 운 좋게 만났다. 털사철난은 사철난에 비해 잎이 짙은 자녹색으로 중륵中肋을 따라 흰 줄이 선명하다. 낙엽을 비집고 나온 또 하나의 금창초가 있다. 꽃은 피지 않았지만 조개나물에 비해 줄기가 땅 위를 기며 자색으로 꽃이 다복하게 나는 특징을 갖고 있다.

사려니 숲길

제주도를 둘러보며

제주조릿대

제주도의 겨울은 어떤 느낌일까! 제주도에 도착한 날에 눈이 펑펑 내리고 있다. 용기를 내어 사려니 숲길로 향했다. 숲길 입구에 쭉 뻗은 삼나무가 줄지어 서 있다. 그 모습이 그야말로 장관이다. 삼나무는 원래 일본에서 자생하는 식물이다. 삼나무는 따뜻한 기후를 좋아해 남쪽지방과 제주도에 심어 편백나무처럼 인기가 높다.

사려니 숲길은 적막하다. 눈 속 선경仙境이다. 꽃과 열매로 가득할 숲 속이 한겨울 눈 속에 파묻혔다. 단지 눈 속 제주조릿대만이 수묵화를 그려내고 있을 뿐이다. “정말 아름다운 비경이야”, 동행하는 사람들이 환호한다. 숲길을 더 거닐자 이내 눈바람이 그칠 줄 모르고, 길이 미끄러워져서 우리 일행은 그곳을 떠나 장소를 다른 곳으로 옮겨야만 했다.

산굼부리

산굼부리 옆 전경

콩짜개덩굴, 꼬리고사리

넓은 길을 따라 산마루를 넘자 산굼부리 분화구가 나타났다. 특이한 모양을 한 분화구다. 폭발할 때 땅에 있는 암석이 날리고 구멍이 생겨 만들어진 '구멍화산'이라 한다. 그 크기가 한라산 백록담보다 크고 넓다. 둘레가 약 2km, 깊이가 130m에 이르는 거대한 분화구다. 분화구 전체가 카메라 앵글에 잡히지 않는다. 조사 보고에 의하면 이 분화구에 420여 종의 희귀식물이 있다고 하니 정말 놀랍고 대단하다. 한번 내려가 식물을 보고 싶었지만 이곳은 영구 보존해야 할 천연기념물 제263호로 지정되어 있다.

돌에 붙어사는 애기일엽초

돌 틈에 난 돌담고사리

산굼부리를 좀 더 자세히 보려고 그 주변을 둘러보았다. 하지만 진입하거나 더 둘러보기가 여간 쉽지 않았다. 길을 돌려 올라오는 길에 돌담에 난 양치식물을 만났다. 이게 웬일인가! 콩짜개덩굴이 현무암에 짝 달라붙어 보석처럼 빛나고 있다.

양치식물은 한겨울에도 어디서든 볼 수 있다. 필자가 양치식물에 관심을 갖는 이유도 여기에 있다. 일반 야생화는 봄부터 가을까지는 볼 수 있으나 추운 겨울에는 거의 볼 수가 없다.

양치식물은 계절에 상관없이 언제나 푸르고 새싹이 돋는다. 잎 뒷면의 포자낭은 양치식물을 분류하는데 중요한 기준이 되고 있다. 돌 틈에 난 돌담고사리, 애기일엽초, 꼬리고사리가 애처롭지만 한겨울의 추위와 눈발을 이겨내고 굳건히 잘 자라고 있다.

한라산에서 온 구상나무

산굼부리를 내려와 정원에 도착했을 때 또 한 번 놀랐다. 우리나라에서만 나는 특산 구상나무가 이곳에 우뚝 서 있는 것이 아닌가! 이번 한라산 등반에서 꼭 만나고 싶었던 구상나무를 산굼부리 정원에서 먼저 만난 것이다. 설레는 마음에 가슴이 뛰기 시작했다.

섬 속의 섬 우도

아침 일찍 제주 동부 성산포항에 도착했다. 예전에도 왔던 곳인데 그간 많은 발전으로 낯설고 어색하다. 여객터미널로 들어서자 아름다운 사진들이 눈을 부시게 한다. 배편을 보니 시간이 일러 다시 되돌아와 성산 둥지식당에서 아침 식사를 하고 배에 올랐다.

우도 전경(1월 27일)

조업 중인 배

우도 항구 옆 해안

유기질이 풍부한 우도 밭 흙

특산품 땅콩(사진, 제주레저신문)

항구에서 우도까지는 13km로, 25~30여 분의 짧은 거리이다. 망망대해를 바라보니 멀리 어선들이 분주하다. 어업활동을 하는 항구답게 배들로 가득하다. 배에 탄 사람들과 잠깐 웃고 즐기는 사이에 우도에 도착했다.

우도항에 도착하자 관광객을 맞이하기 위해 미니버스가 대기하고 있다. 버스에서 내려 제일 먼저 도착한 곳은 우도 등대이다. 멀리 우도 등대가 보이자 가슴이 설렌다. 발걸음이 빨라졌다. 등대 앞에 말들이 관광객을 기다리고 있었다.

제주도와 우도 흙은 화산회밭으로 점질과 유기질이 많고, 식물이 좋아하는 인산을 많이 함유하여 비옥하다. 특히 물 빠짐이 좋아 작물 재배에 적합하다. 이곳에서 나는 땅콩은 우도 특산식품이다. 힘겹게 언덕에 올라보니 넓게 펼쳐진 바다가 가깝게 다가왔다.

우도 등대 가는 길

검멀레해수욕장 해안

검멀레 해변에 핀 갯쑥부쟁이

갯쑥부쟁이 로제트

우두봉을 지나 검멀레해수욕장 앞에 도착했다. 검멀레의 검은 '검다'이고 멀레는 '모래'라는 뜻으로 검은 모래 해수욕장이란 뜻이다. 내리자마자 감탄스런 광경이 펼쳐진다. 우도의 남쪽 해안은 수직절벽으로 전망이 가장 아름다운 곳이다. 해식애와 해식동굴이 잘 어우러져 해안 절경을 이루고 있는데 호구 안의 해수욕장과 더불어 비경을 이루고 있다. 해수욕장은 우두봉 아래 협곡에 위치해 있다. 우도가 만들어질 때 현무암이 풍화되어 모래가 된 해변이 인상적이다.

남쪽 해안에는 따뜻한 햇볕을 받아 한겨울인데도 갯쑥부쟁이가 꽃을 피웠다. 이미 피고 진 꽃봉오리엔 씨앗이 가득 들어 있고, 곁가지에서 꽃이 계속 피어나고 있다. 의아한 마음에 주변을 살피자 갯쑥부쟁이 어린순이 겨울을 준비하고 있다. 내년에는 꽃을 피워 검멀레 해변을 한층 더 아름답게 꾸밀 것이다.

지리교사 이우평의 『한국 지형 산책』 중에서 우도는 약 5,000년 전 얕은 해면상에서 폭발적인 수중 분화에 의해 분화구가 생겨나고, 이후 분화구 중앙에서 또다시 용암이 분출하면서 분석구와 알오름이 생겨나 만들어진 이중 구조의 기생화산으로 적고 있다. 검멀레 해안에서는 용암이 흐른 절리, 지하 깊은 곳에서 분출한 유문암, 산성 용결 응회암, 암편의 퇴적층, 황갈색의 화산회층 등의 다양한 용암들을 볼 수 있다.

흘러내린 모양의 용암

아오른 모양의 용암

다양한 모양을 하고 있는 용암

검멀레 해안의 해삼, 소라

우도 소라 축제(제민일보)

우도에 머무는 동안 2014년 3월로 6회 째를 맞는 '우도 소라 축제'가 열렸다. 우도는 해삼, 소라 등 해산물이 풍부하다. 맛을 보고 싶었지만 일정상 다른 곳으로 가야해서 다음을 기약할 수밖에 없었다.

멀리 우두봉 등대를 배경으로 갯강활이 멋진 포즈를 취하고 있다. 갯강활과는 조도 해변에서 본 후로 두 번째 만남이었지만 이번에도 꽃이 피지 않아 아쉬움이 컸다. 우리나라 산형과 식물은 다양하고 지역 분포도 넓다. 산형과 분류에서 열매나 씨앗의 구조는 식물을 규명하는 데 없어서는 안 될 중요한 자료가 된다.

해안을 조금 더 살펴보니 여러 곳에 갯강활 개체가 더 있다. 풍화가 잘된 모래 언덕에 번행초가 무리지어 노란 꽃을 피웠다. 최근에는 번행초가 좋다 하여 비슷한 아이스플랜트Ice Plant를 재배하기도 한다. 옆에 있는 문주란도 넓은 잎을 펼치며 자태를 뽐내고 있다.

버스의 운행 일정으로 많은 것을 볼 수 없어 아쉬움이 컸다. 버스 운전사의 구수한 입담으로 웃음꽃이 피어난다. 어느덧 버스가 우도 항구에 도착했다.

제주 해안 도로를 따라

오후 3시가 다 되어서야 제주시 구좌읍 종달리와 하도리에 위치한 철새 도래지를 찾았다. 갈대숲이 잘 조성되어 있어 새들의 안락한 쉼터로서 제주의 자랑이자 생태계의 보고이다. 멀리 저수지 중간에 자맥질하는 새들이 보인다.

길을 가다 잠깐 무밭에 들렀다. 한겨울임에도 잘 크고 있는 제주 무는 신선하여 맛도 좋다. 혹독한 겨울 환경에 재배가 어려운 본토와는 달리 제주도는 온화한 날씨를 이용해 한겨울에도 많은 농작물을 재배하여 판매한다. 그래서 요즘 척박한 제주 농지의 생산가치가 한층 높아졌다고 한다.

제주 무밭

무청과 뿌리

선인장

해안 사빈의 갯강활 군락

귤나무 농장

열대지방에서 자라는 선인장이 우리나라 제주 해안에 살고 있다. 이는 제주의 기후가 온화하고 아열대성임을 알 수 있다. 1980년 마라도에서 선인장 자생지가 알려지면서 해안이 선인장에게 최적의 생태 환경이 되고 있다. 선인장 열매를 이용하여 만든 초콜릿도 제주 특산식품으로 인기가 많다. 사빈砂濱은 모래가 깔려 있는 바닷가의 땅을 일컫는 말인데 이곳 사빈에는 갯강활이 군락을 이루며 잘 자라고 있다. 지난해 꽃대를 키웠던 줄기가 아직까지 남아 꼿꼿이 서 있다.

내륙으로 들어오니 귤 생산이 한창이다. 농장에 귤 상자가 켜켜이 쌓여 있다.

성읍 민속마을 도로

돌하르방

나무 위에서 자라는 풍란

빗물 정수 저금통 '촘항'

뒤이어 성읍 민속마을로 들어섰다. 길옆으로 상록수들이 줄지어 서 있고, 곳곳에 제주 생활 민속 문화재들이 놓여 있다. 돌하르방 내외가 낯선 이방인을 반겨준다. 집주인은 나무에 풍란을 심어 고풍스런 멋을 연출했다.

제주 민가의 토속 집은 아늑하고 정감이 간다. 돌과 흙으로 안정감 있게 벽을 쌓고, 강한 비바람에 집이 잘 견디도록 지붕을 얹었다. 특히 지붕을 완만하게 하고, 처마 밑은 짧고 간결하게 마감을 했다. 이는 극

'돗통' 안의 토종 흑돼지

집 벽 밑에 심은 새우란

제주 민속 가옥

한 환경에 잘 대처하고, 자연과 조화롭게 살아가려는 제주인의 지혜이다.

집 뒤편에 토종 흑돼지 한 마리가 있다. 체구는 작은데 눈매가 초롱초롱하고 동작이 빠르다. 옛부터 우리 조상들은 집에서 돼지를 길렀다. 우리라는 말은 돼지를 가두어 기르는 전통적인 담인 울책청동기시대에 집 울타리를 견고한 통나무를 이용해 만든 담장에서 나왔다는 말이 있다.

제주에서는 돗통제주말로 돼지우리 안에 돼지를 길러 굶주리던 시절 귀한 식량으로 이용하였다. 최근에는 제주 토종 흑돼지의 유전자원을 체계적으로 보존 및 관리하고 이를 지역 산업으로 육성하기 위해 문화재인 천연기념물로 추진 중에 있다.

제주 비자림 입구

비자나무

비자나무 수피

한겨울이라 이른 시간에 어둠이 밀려오기 시작한다. 나는 오후 다섯 시가 다 되어서야 겨우 비자림에 도착했다. 비자림에는 1967년 7월 1일 천연기념물 제374호로 지정된 천혜의 아름다운 비자나무가 집단으로 자생한다. 비자나무 노거수 줄기에는 지네발란, 거미란, 흑란, 나도풍란, 콩짜개란, 비자란 등의 희귀 착생 난초가 자라고 있어 더욱 가치가 크다.

탐방로 데크 옆에 있는 비자나무 노거수

송이석 탐방로를 지나자 숲은 더욱 더 어둡고 침침하다. 늦은 시각이기도 하지만 푸른 식물들이 숲을 온통 휩싸고 있기 때문이다. 사면 돌너덜 위에 가는쇠고사리가 군락으로 자생하고 있다. 또한 바위 위에도 남오미자, 후추등과 같은 덩굴식물이 엉겨 붙어 있다. 운향과 머귀나무 수피는 가시 끝이 뭉그러져 있는데 이에는 '늙은 어미의 젖가슴을 연상'하게 한다는 전설이 전해져 내려오고 있다.

수령이 800년이 넘는 최고령 비자나무

비자나무 잎

수령이 800년이 넘은 최고령 비자나무가 숲을 지키고 있다. 숲 속에는 많은 비자나무가 군생하고 있다. 이는 무제巫祭를 지낼 때 쓰던 비자나무 종자가 사방으로 퍼져 오늘날의 숲을 형성한 것으로 추측하고 있다. 또한 이 곳 환경이 비자나무의 자생 조건에 최적이어서 큰 숲을 이루었을 것으로 생각한다. 일제강점기 때 우리나라 곳곳의 많은 나무들이 무작위로 벌목되어 수난을 겪었다. 비자나무 숲 또한 이때 많이 훼손되었다고 한다. 최근에는 무분별한 야생난초 채취와 야영장 활용, 탐방로 개방에 따른 식물 훼손이 점차 증가하고 있다. 바람직한 방향으로 자연을 이용하는 동시에 미래를 위해 보존하는 지혜가 필요하다.

흰 수피를 가진 덧나무

숲 주변에는 곰의말채, 아왜나무, 비목나무, 팽나무, 무환자나무, 자귀나무, 곰솔, 천선과나무, 예덕나무, 때죽나무, 덧나무 등이 자라고 있다.

인동과 덧나무는 딱총나무와 비슷하다. 코르크가 잘 발달하였고 흰 수피를 가졌다. 열매는 둥글며 6월에 적색으로 익고 종자에 주름이 있는 것이 특징이다.

한참을 걷다가 숲 속에서 개가지고비고사리를 만났다. 큰 무리지어 있는데 키가 큰 것은 거의 100cm에 이른다. 잎이 두꺼우며 광택이 난다. 정확한 동정을 위해 포자낭을 찾았지만 없어 엽맥을 찾아 겨우 알아냈다. 고비고사리와 가지고비고사리의 중간 변종으로 확인되었다.

상록 개가지고비고사리

세계의 비경 성산 일출봉

성산 일출봉 가는 길

성산 일출봉의 곰바위

성산 일출봉 주차장에 도착했다. 이번엔 정상에 한 번 올라봐야 하는데…. 정상에 오른 적이 한 번도 없어서인지 생각이 먼저 앞서기 시작한다. 성산 일출봉의 높이는 얼마나 될까? 얼마나 많은 식물이 살고 있을까? 정말 자연 경관이 뛰어난 봉우리일까? 이런저런 생각으로 머릿속이 빙빙 돌았다.

성산 일출봉의 높이는 180m이다. 그다지 높지도 낮지도 않아 부담 없이 생각했는데 막상 올라보니 경사가 급하여 숨이 막혀 온다. 곳곳에 쉼터가 있어 조금은 위안이 된다. 중간쯤 올랐을까? 날카롭고 기이한 바위가 눈을 사로잡는다.

기이한 작품을 보는 듯하다. 곰의 입과 눈썹 그리고 머리털도 있다. 아담과 이브가 입은 옷처럼 송악이 바위에 녹색 옷을 입혔다. 바위는 살아 있는 동물처럼 포효하고 있다.

성산 일출봉은 원래 바닷가에서 폭발하여 만들어진 화산체로서 홀로 독립된 섬이었다. 그러나 신양해수욕장쪽 땅과 섬 사이에 모래, 자갈이 쌓여 육지와 연결되었다. 성산 일출봉과 연결된 해안의 곡선은 아름답고 신비로워 지중해의 나폴리를 연상하게 한다.

갯까치수영, 말똥비름

땅채송화

갯개미자리

일출봉 정상의 갯기름나물

바위도 생명이다. 거칠고 어둡게 보였던 바위에도 생명이 있다. 목이 말라 움츠리고 있는 부처손, 하늘의 빗물만 먹고 사는 갯까치수영, 땅채송화, 말똥비름, 바닷가 낮은 곳에 사는 갯개미자리가 이곳 높은 곳까지 올라왔다. 진귀한 생태의 희귀 장면이다. 바위에 약간의 틈만 있으면 뿌리를 내려 사는 갯기름나물도 냉큼 자리를 잡았다. 갯기름나물은 우리나라 남부 해변가 바위틈에 많이 볼 수 있는 종이다. 특히 생명력이 강하고 뿌리가 좋아 약재로 활용되거나 '방풍나물'로 인기를 얻고 있는 그 식물이다.

일출봉 정상은 180m이지만 분화구 내부는 해발 90m이다. 직경은 600m, 45°의 가파른 경사를 지닌 전형적인 응회구다. 분화구를 중심으로 다양한 식물이 자생하는데, 바닷가에서 나는 해송을 비롯해 낙엽 관목류인 상산 나무가 있고, 상록인 우묵사스레피 나무가 있다. 초본류로 밀사초, 참억새, 사철쑥, 갯장대, 풍란 등이 있으며 대나무인 이대도 있다. 나출된 바위 위에는 송악, 담쟁이덩굴, 마삭줄, 부처손 등이 있다.

일출봉 분화구 왼쪽 수림대

일출봉 분화구 내부

분화구로 내려가는 길

일출봉 분화구에는 220여 종의 다양한 식물들이 분포하고 있다고 한다. 분화구 쪽으로 내려가 보고 싶었지만 길을 통제하므로 내부로 들어갈 수가 없었다. 분화구 가운데 땅이 비옥해 보인다. 예전에는 토질이 좋아 농사를 짓기도 했다고 한다.

나무 그늘에서 자라는
자주괴불주머니

내려오는 길, 암벽과 나무가 어우러진 숲 속에 보라색 꽃이 바람에 흔들리고 있다. 연한 보라색을 내서 탐라현호색이라 생각했다. 하지만 자세히 관찰해 보니 식물체에 가시 같은 돌기가 없는 것을 봐서 자주괴불주머니다. 자주괴불주머니는 줄기에 가지를 치고 잎 끝이 깃처럼 잘게 갈라진다. 자주괴불주머니는 제주도, 전라도, 함경북도까지 넓게 분포한다.

일출봉에 내려와 수마포로 가는 길가에 갯기름나물이 군데군데 자라고 있다. 노란 단풍잎을 내민 갯기름나물이 얼핏 보기에 매발톱꽃처럼 탐스럽고 운치가 있다. 경사면엔 소리쟁이가 포기를 이루고 있고, 갯무가 군락으로 꽃을 피워 바다 무지개를 펼쳐내고 있다.

수마포 해안의 해수욕장

화산쇄설암층

황갈색의 화산회층

수마포 해변에서 해녀들이 부르는 '해녀의 노래'

수마포 해안에 도착하자 가장 먼저 눈에 보인 것은 황갈색의 화산회층이다. 만져보니 딱딱한 암석이다. 해변 오른쪽도 화산쇄설물로 겹겹이 쌓인 암층이 해식에 따라 층리가 잘 발달되어 장관을 연출하고 있다. 검은 모래와 지층의 암반 위를 지나자 어디선가 흥겨운 노래 소리가 들린다.

모 방송국에서 '해녀의 노래'를 촬영하고 있다. 율동과 함께 공연되는 노래는 1971년 제주특별자치도 무형문화재 제1호로 지정되어 지금까지 해녀 공연으로 이어오고 있다. 해녀들의 강인한 개척정신과 자긍심을 높이려는 지역 문화축제이다.

<한국민속문학사전>에 의하면 '해녀의 노래'를 '돛배의 노를 저으면서 불렀지만 드물게는 물질 작업장까지 테왁해녀가 물질을 할 때 가슴에 받쳐 몸이 뜨게 하는 공 모양의 기구. 박의 속을 파내어 만들고, 채취한 것을 담는 그물로 된 그릇이 달려 있다. 제주 지방의 방언이다.(다음, 한국어사전을 짚고 헤엄쳐가며 부르기도 하고, 휴식을 취하며 놀거나, 물질 작업 준비를 할 때도 불렀다.'고 한다.

제주 토끼섬 문주란 자생지는 1962년에 천연기념물 제19호로 지정되었다. 이곳 해안가에도 문주란이 많이 자생하고 있다. 이는 주민이 직접 심은 것으로 추측된다. 암벽 비탈에 문주란이 우아한 분위기를 내고 있다. 문주란은 상록 다년초로 엽육葉肉이 두껍고 관상가치가 높은 식물이다. 씨앗을 심으면 싹이 잘 나온다. 이 외에도 일본에서 온 기가스문주란Crinum gigas Nakai도 가끔 온실에서 볼 수 있다. 또 중국에서 들여온 수괴집Hymenocallis littoralis (Jacq.) Salisb.도 있다. 이 종은 널리 보급되어 일반 가정집에서 사랑받고 있다.

밀사초는 큰 군집으로 자라는 특징이 있다. 밀사초는 주로 남쪽 지방 바닷가 모래땅이나 바위틈에서 자라는 다년초이다. 잎은 딱딱하고 녹색 또는 황록색으로 광채가 난다. 거친 땅에도 뿌리를 내려 굳건하게 잘 자라는 밀사초가 마침 꽃을 피웠다.

해안가의 문주란(작은 그림은 씨앗)

밀사초 꽃

한라산 백록담

제주에서 3일째 되는 1월 29일, 한라산에 가려고 성판악휴게소로 갔다. 아침 7시 전인데도 등산객이 북적이고 휴게소 안에는 사람들로 꽉 들어찼다. 등산장비를 정리하고 마음을 가다듬었다. 겨울 산행이라 조금 긴장이 된다. 그리고 이번 일정이 식물 탐사인가 아니면 순수한 등산인가에 대한 의문이 생겼다. 코스가 길어 시간이 많이 소요되므로 식물을 보기 위해 조금도 지체할 수 없기 때문이다.

등산 코스 안내 (한라산국립공원)

다시 등산화를 고쳐 맸다. 성판악휴게소 고도가 750m, 여기서부터 진달래대피소까지 1,500m이다. 소요 시간이 대략 2시간 20분이다. 한참을 오른 후 제일 먼저 만난 것은 삼나무 군락이다. 쭉쭉 뻗은 줄기가 시원하고 설원에 나무향이 진하게 전해온다.

성판악에서 5.2km 정도에 사라약수터가 있다. 그런데 추위로 얼어붙어 흔적조차 보이지 않는다. 뒤이어 나무가 겹겹이 우거진 등산길을 걸으며

참나무 위에 붙어사는 붉은겨우살이

진달래대피소 앞 진달래 군락

설경을 감상하였다. 길 위에 작은 열매가 있다. 붉은색을 띤 동그란 모양의 열매인데 자세히 보니 붉은겨우살이 열매이다. 황급히 땅에 떨어진 열매 다섯 알을 주웠다. 앵두 같은 열매를 보며 잠시 무아지경에 빠졌다.

한참을 걸어 진달래대피소에 도착했다. 쉽지 않은 코스라 땀으로 몸을 적셨다. 겉옷을 벗자 김이 모락모락 난다. 휴식을 위해 잠시 앉았다. 아침을 일찍 먹은 터라 배가 고프기 시작하여 도시락을 풀고 식사를 하였다. 눈앞에 펼쳐진 설경이 신비스럽고 그윽하여 선경에 와 있는 듯하다. 봄소식을 전해줄 진달래도 하얀 옷을 입고 눈웃음을 짓고 있다.

한라산 등반은 쉽지 않다. 등산객 모두 있는 힘을 다해 한발씩 내딛고 있다. 눈이 많아 미끄러지기도 하고, 착지가 잘 되지 않아 균형을 잃기 다반사였다. 한참 후에 우리나라 최대의 구상나무 군락지에 들어섰다.

힘겹게 올라가는 등산객

한라산 상부 구상나무군락

구상나무는 제주 한라산을 비롯해 지리산, 덕유산, 무등산에 자생하고 있는 것으로 알려진 특산 식물이다. 혹여나 태백산이나 설악산에서 비슷한 나무를 보았다면 그 나무는 필시 분비나무다. 구상나무는 현재 북방한계선이 덕유산까지로 알려져 있다. 한라산 구상나무를 처음 만나는 터라 신비하고 경이롭기까지 하다. 더구나 희귀한 나무 군락에 설경까지 더해 천연의 비경을 연상케 한다. 그런데 쓰러지고 죽은 나무들이 즐비하다. 한라산 연구소는 2,000년대 들어서서 적설량의 감소, 잦은 태풍, 집중 강우, 온난화 등으로 죽어가는 나무가 속출하고 있다고 발표하였다. 많은 기관과 학술단체가 구상나무 보존 및 복원을 위한 연구를 진행하고 있다고 하니 그나마 다행이라 생각한다.

한라산 주목나무와 수피

주목나무는 수백 년, 수천 년을 넘게 사는 나무다. 껍질도 붉고 속살도 붉어 붉을 주朱, 나무 목木이라 하여 주목이라 부른다. 우리나라 태백산 정상부에 대단위 군락으로 자생한다. 태백산에는 천 년을 넘은 최고령 주목나무도 있다. 더위를 싫어하고, 추운 기운을 좋아하는 주목나무가 이곳 한라산 정상부에도 있다. 그 자태가 옛 선비를 만나 인사를 나누는 듯하다.

백록담 정상부

백록담 정상부는 바위와 돌들로 가득하고 길이 가파르며 곳곳이 얼어붙어 있다. 워낙 미끄러워 등산장비가 없으면 꼼짝할 수가 없다. 비탈에 눈향나무가 있다.

눈향나무

눈향나무는 측백나무과로 향나무의 변종이다. 원줄기가 비스듬히 기울어져 바위 밑으로 처지며 자라는 고산성 상록수다. 겨울에도 푸른색을 잃지 않고 상록으로 자신의 존재를 드러내고 있다. 풀처럼 작지만 강한 햇빛을 좋아하며 바위에 의지해 살아간다.

한라산 백록담

백록담 표석이 눈앞에 있다. 예전에 백두산 천지를 처음 보았을 때와는 또 다른 감회가 가슴 속으로 밀려온다. 형언할 수 없는 긴장감과 정상에 올랐다는 성취감, 그리고 나 자신에 대한 존재의 확신 등으로 백록담이 또 다르게 다가왔다. 함께 오른 많은 사람들이 모여 기쁨을 나누고 백록담을 배경으로 사진을 찍었다. 감격해 하는 순간, 난 무엇을 해야 할지 잠시 망각하고 있었다. 그때 눈을 크게 뜨자 시로미가 눈앞에 펼쳐 있다. 시로미는 우리나라 한라산과 백두산에 자생하는 고산식물이다. 봄여름도 아닌 한겨울 쌓인 눈 속에서 시로미를 본다는 것은 행운이다. 꽃과 열매도 함께 볼 수 있었다면 얼마나 좋았을까!

바위틈에 자라고 있는 시로미과 시로미와 털진달래

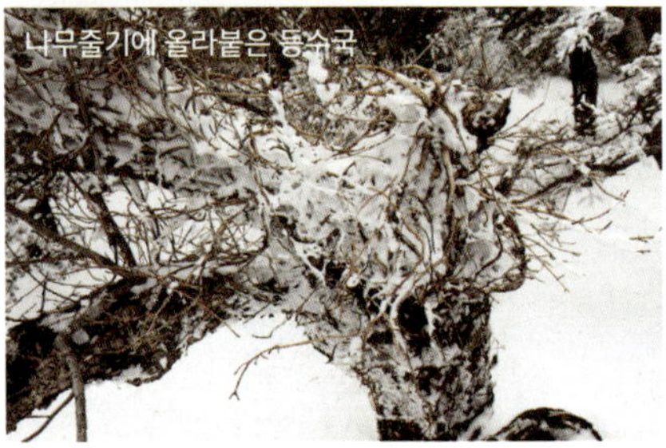

나무줄기에 올라붙은 등수국

나무에 붙어사는 줄사철나무

털진달래도 머리를 내밀었다. 잎은 모두 떨어지고 줄기만 앙상하게 남아 추위를 견뎌내고 있다. 한라산에 유독 많은 털진달래는 야생화 애호가들의 호기심을 자극하는 예쁜 참꽃이다. 한라산 정상에는 고산식물이 많다. 돌매화나무, 눈향나무, 한라솜다리, 시로미 등이 폭넓게 자생하고 있다.

내려오는 길에 혹시 탐라산수국이 있을까하여 유심히 찾아보았으나 만날 수가 없었다. 그런데 나무줄기에 뭔가 엉겨 붙은 것이 있다. 무엇일까 하고 한참동안 고민을 했다. 우연히 자료를 검색하다 미국산수국에서 힌트를 얻었다. 나무줄기에 올라붙은 것은 등수국이었다. 등수국의 등은 오를 등登이다. 열매라도 있었다면 쉽게 이름을 알 수 있었을 것이다.

줄사철나무가 나무줄기에 올라 예쁜 단풍을 만들었다. 작은 잎이 앙증맞고 귀여워 최근 조경 소재로도 활용되고 있다. 전라북도 진안군 마령면 동촌리에 있는 줄사철나무의 군락지는 천연기념물 제380호로 지정되어 보호될 만큼 귀하다.

화순 곶자왈

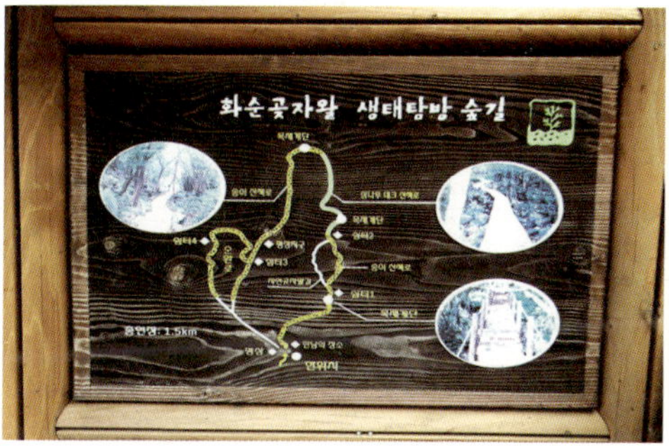

화순 곶자왈은 제주에서 약 40~50분 정도 거리에 있는 청정지역으로 병악골른오름, 492m에서 시작되어 화순까지 총 9km에 걸쳐 분포하는 지역을 일컫는다. 한라산연구소 자료에 의하면 곶자왈Gotjawal이란 '화산분출시 점성이 높은 용암이 크고 작은 암괴로 쪼개지면서 분출되어 요철지형을 이루며 쌓여 있기 때문에 지하수 함양은 물론, 보온·보습 효과를 일으켜 열대식물이 북쪽 한계지점에 자라는 북방한계 식물과 한대식물이 남쪽 한계지점에 자라는 남방한계 식물이 공존하는 세계 유일의 독특한 숲'이라고 소개하고 있다.

곶자왈 입구 보행로

좌. 개가시나무 잎
우. 더부살이고사리, 돌외

입구에서 그리 멀지 않는 곳에 잎이 좁고 끝이 뾰족한 개가시나무가 있다. 개가시나무 잎은 좁고, 뒷면에 성모가 황갈색으로 밀생하는 것이 특징이다. 참나무과에 속하는 남방계 상록수를 이곳에서 만난다는 것은 참 놀라운 일이다. 희귀종인데 현재 개체수가 많지 않아 환경부 보호식물로 지정되어 있다. 그만큼 곶자왈은 다양한 식생들이 공존할 수 있는 환경을 갖추고 있다.

곶자왈에 있는 바위에는 다양한 이끼가 있어 양치식물이 잘 자랄 수 있는 최적의 환경을 갖추고 있다. 더부살이고사리를 만났다. 잎이 좁은 피침형으로 윤기가 나고 반들거린다. 잎 끝에 무성아가 붙어 번식한다. 더부살이고사리 옆에 다년생 덩굴식물 돌외도 함께 바위를 덮고 있다.

곶자왈_ 숲을 뜻하는 제주 사투리 '곶'과 자갈을 의미하는 제주 사투리 '자왈'을 합쳐 만든 글자로 화산이 분출할 때 점성이 높은 용암이 크고 작은 바위 덩어리로 쪼개져 요철 지형이 만들어지면서 나무, 덩굴식물 등이 뒤섞여 원시림의 숲을 이룬 곳을 이르는 제주 고유어이다. (네이버 위키백과사전)

무성아_ 주로 양치식물에서 나타나는 영양번식 한 방식이다. 포자와 배우자체를 통한 생식 활동이 실패할 경우를 대비하여 대체수단으로 진화되었다. 더부살이고사리는 잎자루가 아치형으로 자라면 결국 잎이 땅에 닿게 되는데 잎의 정단부에 무성아(새로운 개체)가 생겨 모체로부터 보다 멀리 떨어진 척박한 곳에 정착시켜 생존 범위를 넓혀갈 수 있다. (양치식물의 자연사 참조)

꼬리고사리, 콩짜개덩굴

봉의꼬리

가는쇠고사리 군락

양치식물의 보고寶庫답게 다양한 종이 자생하고 있다. 봉의꼬리는 돌 틈에 뿌리를 내리며 살고, 개체수가 많다. 바위 위에 착생하는 꼬리고사리, 콩짜개덩굴도 많은 편이다. 꼬리고사리는 경기, 강원지역에도 자생하고 있어 생태 적응지가 폭넓은 것을 알 수 있다.

가는쇠고사리도 군락을 이루고 있다. 예전에 전라남도 조도에서 본 적이 있고, 제주 수림 밑에서도 큰 군락으로 본 적이 있다. 가는쇠고사리는 난대림의 대표식물이다.

새우난초

약난초

상록성 여러해살이풀 큰봉의꼬리

남부 지역과 제주 지역에서 많이 나는 난초 2종을 만났다. 최근 원예 식물로 재배되고 있는 새우난초는 야생화 애호가들에게 많은 사랑을 받고 있다. 한라산에는 여름새우란, 금새우란 등도 자생한다.

약난초는 외롭다. 잎이 하나이기 때문이다. 하지만 주홍색 꽃은 화려하기 그지없다. 뿌리는 여름내 영양분을 만들어 저장하기 때문에 알뿌리가 발달되어 둥글다. 점액이 많은 구경球莖은 약재로 사용되어 약난초라 부른다. 잎이 1~2개씩 나오는 두잎약난초가 제주도에서 자생한다.

잎이 가는 봉의꼬리에 비해 큰봉의꼬리는 잎이 넓고 크다. 영양엽으로 짧고 넓으나 포자엽은 보다 좁으며 잎 가장자리가 뒤로 말려 안쪽 위포막에 포자낭이 있다.

비늘고사리

밤일엽 포자낭군이 붙은 모습

밤일엽

곶자왈은 용암지대로 토양 발달이 빈약함에도 불구하고 이끼류가 번식하면서 하층식생이 발달하였다. 강수량이 많아 다습한 곶자왈은 어느 곳보다 양치식물이 다양하게 자생한다. 중부 내륙에 널리 분포하는 비늘고사리가 이곳 화순 곶자왈에도 있다. 곰비늘고사리와 비슷하지만 잎맥이 표면에 뚜렷하게 파인다. 그리고 포자낭군이 엽신 상부에 집중되어 나타나고, 일찍 단풍과 낙엽이 지는 특징이 있다.

밤나무 잎을 닮은 밤일엽도 있다. 잎 뒷면에 동그란 포자낭군이 중륵 가까이 붙었다.

화순 곶자왈 낮은 지대의 풍혈지

곶자왈은 가장 원시적인 자연환경을 지니고 있다. 곶자왈 중에는 함몰지와 함몰지 사이에 동굴이 연결되거나 지하 깊은 곳까지 암반층이 연결되어 겨울철에는 따뜻한 바람이, 여름철에는 시원한 바람이 나와 남방계, 북방계 식물이 공생할 수 있는 미기후 환경을 만들고 있다. 함몰지 사면에 풍혈지가 있어 따뜻한 바람이 나오고 있다.

곶자왈의 송이석

송이석Scoria은 화산생성물이다. 붉은 빛을 띠는 송이석은 다공질로서 화산이 폭발할 때 처음으로 분출되면서 굳어진 것이다. 화순 곶자왈은 송이석이 많은 지역이다. 최근에는 송이석을 이용한 원예용 화분을 사용하는데, 다공질이라 배수가 잘 되고 공기 유통이 좋아 식물이 잘 자란다. 이 외에도 건축용 외장재, 보행로 피복재, 화장품 등으로 널리 활용되고 있다.

쇠고비

긴잎도깨비쇠고비

육박나무 수피

육박나무 잎

육박나무 꽃(사진, 한라수목원)

함몰지역의 숲 속에는 쇠고비가 있다. 중형의 양치식물인 쇠고비는 잎 표면이 녹색이고, 우편의 수가 30개 내외로 많다. 약간 낮은 곳에 긴잎도깨비쇠고비도 잘 자라고 있다. 긴잎도깨비쇠고비는 우편의 기부가 둥글지 않고 기부가 쐐기모양이며 포막은 거의 검은색이다.

녹나무과 상록교목인 육박나무는 흔하지 않은 식물이다. 육박나무 피부는 큰 비늘처럼 벗겨져 버즘나무의 수피와 거의 같다. 우리나라에서 가장 큰 나무는 전라남도 완도 주도 섬에 있는 나무로 높이 10m, 가슴둘레 1m에 달한다.

무환자나무 열매
(사진, 한라수목원)

낙엽활엽 교목인 무환자나무를 만났다. 제주도, 전라도, 경상도에 있는 무환자나무는 높이가 20m에 이르며, 잎은 호생하며 1회 우상복엽이다. 무환자나무과에 속하는 나무는 2종이 있다. 그 하나는 무환자나무이고 또 다른 나무는 모감주나무가 있다.

왕초피나무는 제주도에서 자라는 낙엽교목으로 높이가 약 7m에 달한다. 초피나무에 비해 잎이 넓고 타원형이며 거치가 없다. 소엽은 7~13개로 초피나무 9~19개에 비해 적다. 줄기에 돋아난 가시가 굵고 예리하며 인상적이다. 열매는 붉은색을 띠며 9월부터 익는다.

산유자나무 줄기

남쪽 섬과 제주도에 있는 이나무과 산유자나무는 개체수가 많지 않다. 특이할 점은 나무줄기에 큰 대못 같은 가시가 무수히 많다. 상록 관목이지만 높이가 7m까지 자라는 것도 있다. 열매는 가을에 흑색으로 익는다.

상동나무 열매

곶자왈에서 내려오는 길 양지바른 곳에서 고사리와 상동나무를 보았다. 상동나무는 낙엽 또는 반상록 관목으로서 개체 수에 비해 열매가 흔치 않다. 저녁노을이 져 충분한 시간을 갖고 자세히 살펴보지 못해 아쉬움이 남는다. 화순 곶자왈을 비롯해 제주의 올레길은 최근에 중요 생태지로 각광받고 있다. 제주 올레길 코스와 연결된 화순 곶자왈을 방문한다면 다양한 제주 고유의 천연 식물을 감상할 수 있을 것이다.

식물명 및 학명 찾기

가

나

다

마

바

사

아

자

차

카

타

파

하

참고문헌

權赫在, 自然地理學 제2판, 法文社, 2002.

權赫在, 韓國地理-우리 國土의 自然과 人文, 法文社, 2003.

김대신 외, 곶자왈지대의 식물상 및 동물상 조사 Ⅳ-한경·안덕 곶자왈 지대, 제주특별자치도 한라산연구소, 2012.

김정근 외, 꽃보다 아름다운 고사리의 세계, 플래닛미디어, 2007.

김태영 역, 양치식물의 자연사, 지오북, 2010.

菱山忠三郞, ワイド圖鑑 里山·山地の最新な山野草, 株式會社 主婦の友社, 平成22年.

菱山忠三郞, ワイド圖鑑 最新な野草·雑草, 株式會社 主婦の友社, 平成23年.

문명옥, 한라산국립공원 자연자원조사, 제주특별자치도 한라산연구소, 2012.

박수현 외, 한국식물 도해도감 1 벼과-개정증보판, 국립수목원, 2011.

박수현 외, 한국식물 도해도감 2 양치식물, 국립수목원, 2008.

박수현, 세밀화와 사진으로 보는 한국의 귀화식물, 일조각, 2009.

傅沛云, 東北植物檢索表 第二版, 科學出版社, 1995.

寺崎留吉, 日本植物圖譜, 春陽堂, 昭和八年.

서강욱 외, 희귀, 특산식물 분포조사 종합보고서, 국립수목원, 2010.

서영배 외, 한국 고유종의 데이터베이스 구축 연구 한국 고유종 조사 목록 2권, 환경부, 2004.

송창길·양영환, 원색 제주의 식물도감, 도서출판 오디콤, 2009.

안영희·김광섭, 양평식물도감, 경기도 양평군청 산림경영사업소, 2009.

吳修榮, 鬱陵島産維管束植物相에 關한 硏究, 慶大論文集(自然科學), Vol.25, pp.131~201, 1978.

완도수목원, 자생식물목록(752종), 2012.

이남숙, 한국의 난과식물 도감, 이화여자대학교출판부, 2011.

이동준, 鬱陵島 自生 山菜類의 硏究·栽培·利用 現況 및 開發方案, 석사학위논문, 2009.

이상태, 식물의 역사 - 식물의 탄생과 진화 그리고 생존전략, 지오북, 2010.

이영노, 새로운 韓國植物圖鑑, 교학사, 2007.

이영노·여성희, 韓國植物硏究院報 第7號 한국과 일본의 Eranthis속 식물 3종(3 species of Eranthis in Korea and Japan) pp.17-18, 韓國植物硏究院, 2007.

李愚喆, 原色 韓國基準植物圖鑑, 도서출판 아카데미서적, 1996.

이정명 외, 신고 채소원예각론, 향문사, 2009.

이창복, 원색 대한식물도감, 향문사, 2006.

이형철 외, 완도난대수목원확대조성기본계획, 전라남도 산림환경연구소, 1999.

제주특별자치도 환경자원연구원, 학술심포지엄 한라산 제주조릿대의 경제적 활용가지 조명과 관리방안, 2009.

조병훈 외, 서해안 사구 自生植物 圖鑑, 국립산림과학원, 2011.

中山至大 외, 日本植物種子圖鑑, 東北大學出版會, 2010.

최기학 외, 생태체험학습을 위한 태안반도의 식물, ㈜디자인포스트, 2006.

최창근 외, 한국 동해연안 해조류 생태도감, 국립수산과학원동해수산연구소, 2008.

한국양치식물연구회, 한국양치식물도감, 지오북, 2005.

吴兆洪, 中國植物志 第四卷 第二分冊 蕨類植物門, 科學出版社, 1999.

홍성천 외, 울릉군 원색 식물도감, 울릉군, 2002.

우리꽃을 찾아 떠나는

섬 여행기